K. Thangavel
R.K. Murali Baskaran

Eficácia do benzoato de emamectina 5WG contra o complexo de podridão em grama vermelha

K. Thangavel
R.K. Murali Baskaran

Eficácia do benzoato de emamectina 5WG contra o complexo de podridão em grama vermelha

Estudo da bioeficácia, da toxicidade aguda e da persistência do benzoato de emamectina 5 WG contra insectos lepidópteros em grama vermelha

ScienciaScripts

Imprint
Any brand names and product names mentioned in this book are subject to trademark, brand or patent protection and are trademarks or registered trademarks of their respective holders. The use of brand names, product names, common names, trade names, product descriptions etc. even without a particular marking in this work is in no way to be construed to mean that such names may be regarded as unrestricted in respect of trademark and brand protection legislation and could thus be used by anyone.

Cover image: www.ingimage.com

This book is a translation from the original published under ISBN 978-620-2-06095-0.

Publisher:
Sciencia Scripts
is a trademark of
Dodo Books Indian Ocean Ltd. and OmniScriptum S.R.L publishing group

120 High Road, East Finchley, London, N2 9ED, United Kingdom
Str. Armeneasca 28/1, office 1, Chisinau MD-2012, Republic of Moldova, Europe
Printed at: see last page
ISBN: 978-620-6-14373-4

RESUMO

EFICÁCIA DO BENZOATO DE EMAMECTINA 5 WG CONTRA O COMPLEXO DE PODBORER EM REDGRAM Por K.THANGAVEL

Grau: DOUTORAMENTO EM FILOSOFIA EM ENTOMOLOGIA AGRÍCOLA

Presidente: Dr. R. K. MURALI BASKARAN, Ph.D.

Professor de Entomologia (Rtd.)
Instituto de Investigação do Arroz de Tamil Nadu Aduthurai 612 101 Thanjavur (Dt.), Tamil Nadu

Ano: 2014

Foram realizados estudos para obter informações sobre a bioeficácia no terreno do benzoato de emamectina 5 WG contra o complexo da broca da vagem do grama-vermelha e a sua fitotoxicidade para as plantas, bem como experiências laboratoriais sobre a toxicidade aguda, a persistência e a segurança para os organismos não visados, entre agosto de 2012 e março de 2014, nos campos dos agricultores do distrito de Madurai e no Departamento de Entomologia Agrícola, Faculdade de Agricultura e Instituto de Investigação, Madurai, Tamil Nadu, Índia.

Foram realizadas duas experiências de campo em redgram (Cv: Co 6), uma em B. Mettupatti (I temporada: agosto de 2012 a janeiro de 2013) e outro na mesma aldeia (II temporada: agosto de 2013 a janeiro de 2014) do distrito de Madurai revelou que três rodadas de pulverização foliar de Emamectina 5 WG @ 125 g / ha em 10 dias intervalo, a partir de 120 ou 125 dias após o dibbling foi altamente eficaz na redução da população larval de *Helicoverpa armigera* (Hubner), *Maruca vitrata* (Geyer), *Etiella zinckenella* (Treitschke) (84.26 e 85,67%; 85,00 e 86,23%; 85,71 e 85,47%, respetivamente) e os seus danos nas vagens (83,63 e 85,27%, respetivamente) durante a primeira e segunda época. A dose efectiva de campo de Emamectin 5 WG (125 g/ha) registou a maior produção de vagens de 9,40 e 9,68 quintais/ha. Todas as doses de Emamectin 5 WG foram seguras para coccinelídeos predadores e aranhas no ecossistema do redgrama. A aplicação foliar de doses mais altas de Emamectin 5 WG @ 150 e 300 g/ha não causou nenhum efeito fitotóxico em plantas de redgrama.

Foram efectuadas experiências laboratoriais para determinar a toxicidade aguda de Emamectin 5 WG contra *H. armigera* em rabo-de-burro. Os valores LC_{50} e LC_{90} do Emamectin 5 WG estimados através do método de imersão em vagens de grama vermelha para o terceiro instar de *H. armigera* foram 0,0096 e 0,0850 por cento, 0,0045 e 0,0271 por cento e 0,0010 e 0,0103 por cento em 12, 24 e 48 h, respetivamente. Os valores LT_{50} e LT_{90} de Emamectin 5 WG, Emamectin 5 SG e chlorantraniliprole 18.5 SC para o terceiro instar de *H. armigera* foram calculados como 9,25 e 26,83, 9,92 e 28,36 e 12,43 e 54,47 h, respetivamente para a concentração de 0,0250, 0,045 e 0,030 por cento.

Os resultados da toxicidade persistente revelaram que os valores do índice de toxicidade persistente (PTI) do Emamectin WG @ 150, 125 e 100 g/ha contra *H. armigera* no grama-vermelha foram 1259,1, 1100,4 e 1071,0, respetivamente, em comparação com os valores de PTI do Emamectin 5 SG (925,8), chlorantroniliprole 18,5 SC (898,5), spinosad 45 SC (864,4) e lufenuron 5 EC (835,5). O Emamectin 5 WG @ 150 g/ha foi persistente até 19 dias após o tratamento (10,4% de mortalidade), em comparação com 15 dias no Emamectin 5 SG @ 220 g/ha (10,2%).

Emamectin 5 WG @ 100, 125 e 150 g/ha foram menos tóxicos e contribuíram para uma maior emergência de adultos quando tratados na fase de ovo (87,78, 86,13 e 83,10%), larva (85,25, 84,11 e 81,83%) e pupa (90,36, 88,92 e 86,21%) de *T. chilonis.* Emamectina 5 WG @ 100 e 125 g/ha alcançou a maior eclodibilidade de ovos (93,33 e 91,00%) de *Chrysoperla zastrowi sillemi.* A longevidade dos adultos e a fecundidade foram de 12,60, 11,33 e 10,20 dias e 148,33, 142,00 e 140,67 ovos por cinco fêmeas devido à aplicação de Emamectin 5 WG @ 100, 125 e 150 g/ha. A menor mortalidade de larvas foi registada na dose baixa de Emamectin 5 WG @ 100 g/ha às 48 horas após o tratamento (HAT). Emamectin 5 WG e SG foram relativamente mais seguros para abelhas *(Apis cerena indica* Fab. e *Apis mellifera* Fab.) e minhocas *(Eudrilus eugeniae* Kinberg). Emamectina 5 WG @ 100, 125 e 150 g/ha alcançou mortalidade cumulativa de 6,67 a 23,33 e 10,00 a 26,67 por cento em abelhas indianas e italianas de a 24 HAT. A mortalidade aumentou à medida que o tempo de exposição das abelhas aumentou de 6 a 24 HAT. O Emamectin 5 WG @ 100, 125 e 150 g/ha registou uma mortalidade cumulativa de 2,2 a 11,11 por cento em minhocas aos 7 dias após o tratamento (DAT).

RECONHECIMENTO

Estou inexprimivelmente extasiado por estender o meu profundo sentimento de gratidão e de dívida ao **Dr. R. K. Murali Baskaran**, Professor de Entomologia, Tamil Nadu Rice Research Institute, Aduthurai e Presidente do comité consultivo, pela sua orientação sustentada, opiniões pragmáticas, sugestões esclarecedoras, tratamento amável, interesse e encorajamento que me concedeu para levar a cabo esta tarefa séria com sucesso.

Expresso os meus sinceros agradecimentos e gratidão à **Dra. W. Baby Rani**, Professora, Departamento de Entomologia Agrícola, ao **Dr. M. Muthamilan**, Professor e Diretor, Departamento de Patologia Vegetal e à **Dra. R. Usha Kumari**, Professora, Departamento de Melhoramento Vegetal e Genética, membros do comité consultivo, pela sua orientação calorosa e disposta, encorajamento constante, apoio moral contínuo e aconselhamento valioso durante todo o período do estudo.

Estou muito grato e transmito os meus sinceros agradecimentos ao **Dr. M. Kalyanasundaram**, Professor e Diretor do Departamento de Entomologia Agrícola, pelos seus conselhos inestimáveis, ajuda incansável e orientação louvável prestada durante o estudo.

I am very much obliged to express my deep sense of gratitude to **Dr. S. Manisegaran,** Professor, **Dr. N. Muthukrishnan**, Professor, **Dr. C. Chinniah,** Professor, **Dr. C. Muthiah,** Professor, **Dr. S. Jayaraj,** Professor, **Dr. R. Nalini,** Professor, **Dr. P. Chandramani,** Professor, **Dr. G. Srinivasan,** Assistant Professor, **Dr. K. Premalatha**, Professor Assistente, Departamento de Entomologia Agrícola, **Dr. K. Suresh**, Professor Assistente, Departamento de Especiarias e Culturas de Plantação, HC & RI, Periyakulam e **Sra. R. Geetha**, Contabilista, pela sua imensa ajuda atempada e pelo seu constante encorajamento durante todo o período da minha investigação.

Quero deixar registado o meu profundo sentimento de gratidão para com os meus amigos mais velhos, **Dr. K. Boopathi, Dr. K. Senguttuvan, Dr. V. Baskaran, Dr. P. Karthik, Dr. K. Datchinamurthy, Sr. U. Sankarnarayanan, Sr. A. Ravi kumar** e **Sr. G. Sasikumar**, pelas suas estimáveis sugestões e apoio atempado que melhoraram substancialmente a qualidade da tese.

Os meus sinceros agradecimentos aos meus colegas de turma **Ansarali, Sonai Rajan, Madhusudhanan, Sanjeevi kumar, Aravind, Thiruveni, Ramakrishanan, Annamalai, Nandhini, Nisha, Kowshi** e **Luai** pelo seu apoio incondicional, amor insondável e ajuda atempada prestada durante o meu estudo.

É um sentimento doce expressar o meu amor e os meus sentimentos aos meus amigos **Suresh, Govind, Nandhu, Deivamani, Adiyaman, Madhan, Arun, Ragavan** e aos meus amigos mais novos **Parthiban, Vignesh, Saran, Sekar, Arul, Ganga, Siva, Rajesh** e **Keerthi** pelo seu encorajamento em todos os aspectos durante este período.

*A assistência financeira oferecida pela **M/s. Syngenta (India) Ltd., Pune** como **Bolsa de Investigação Sénior** é reconhecida com gratidão.*

*Nada pode exprimir o meu sentimento de gratidão e as minhas venerações aos meus queridos pais (**Sr. G. Katturaja** e **Sra. K. Rajakumari**), aos meus irmãos **Sr. K. Gopi e Sr. K. Rathinavel**, à minha afectuosa irmã **Sra. K. Rajalakshmi Subash** e aos meus **amigos Siva, Pugazhi, Yazhani, Pavun, Senthamizh** e **Sudharsan**, cujo amor, bênçãos e sacrifícios me trouxeram até esta plataforma.*

*Os meus agradecimentos são extensivos a **Elango, Ravi, Vasanthi** e aos trabalhadores do Departamento de Entomologia pela sua amável ajuda durante o período de experimentação. As palavras não podem exprimir a sincera gratidão que devo aos Srs. **Rajendran, Pandi, Virumandi** e **Mayandi,** agricultores eminentes e progressistas, que me acompanharam durante o meu estudo de campo.*

(K. THANGAVEL)

ÍNDICE DE CONTEÚDOS

Capítulo 1 6

Capítulo 2 8

Capítulo 3 17

Capítulo 4 34

Capítulo 5 60

Capítulo 6 66

CAPÍTULO I

INTRODUÇÃO

A Índia está a produzir 183,4 lakh toneladas de leguminosas a partir de uma área de 96,26 lakh hectares, sendo um dos maiores países produtores de leguminosas do mundo. O feijão-frade/roxo *(Cajanus cajan* [L.] Millspaugh) é uma importante cultura de leguminosas em regiões semi-áridas, tropicais e subtropicais, cultivada principalmente na Índia, ocupando o segundo lugar em termos de área e produção e contribuindo com cerca de 90% da produção mundial de leguminosas. O Redgram é cultivado em 85,22 lakh hectares, com uma produção anual de 88,33 lakh toneladas e uma produtividade média de 1036,00 kg ha^{-1} . Em Tamil Nadu, é cultivado numa área de 0,07 lakh hectares com 0,045 lakh toneladas de produção e com uma produtividade de 645 kg ha^{-1} durante 2012-13 (Anónimo, 2013a).

O grama-vermelha é atacado por mais de 250 espécies de insectos, dos quais a broca da vagem da grama, *Helicoverpa armigera* (Hubner), a broca da vagem da leguminosa ou broca da vagem manchada, *Maruca vitrata* (Geyer) e a broca da vagem espinhosa, *Etiella zinckenella* (Treitschke) são as pragas polífagas mais importantes nos trópicos e subtrópicos devido à sua extensa gama de hospedeiros, destrutividade e distribuição no feijão-caupi, feijão-mungo, feijão-urd e feijão-de-campo (Shanower *et.al.,* 1999). *A H. armigera* causa grandes perdas, até 60%, com uma perda anual estimada em 400 milhões de dólares americanos no feijão-frade (Anónimo, 2007). As perdas devidas a *M. vitrata* e *E. zinckenella* foram estimadas em cerca de 84% (Dharmasena *et. al.,* 1992), representando 30 milhões de dólares americanos (Saxena *et. al.,* 2002). Foi testado um número considerável de insecticidas e poucos deles foram considerados eficazes contra as brocas das vagens do feijão-frade (Sreekanth e Seshamahalakshmi, 2012).

Em geral, no ecossistema das leguminosas, devido ao fraco complexo de inimigos naturais e à natureza oculta das pragas, a aplicação de insecticidas com base nas necessidades, juntamente com outras estratégias de GIP, foi desenvolvida e utilizada para atenuar as pragas (Samiayyan e Gajendran, 2009), especialmente no grama-vermelha. Mas estes produtos químicos com um modo de ação variado, devido à sua utilização indiscriminada, acarretam o perigo de desenvolvimento de resistência, ressurgimento de pragas, surtos de pragas secundárias, redução da biodiversidade de inimigos naturais e bioconcentração de resíduos em produtos consumíveis na colheita (Mitra *et al.,* 1999). É importante adotar ou utilizar algumas moléculas insecticidas mais recentes com elevada toxicidade, mesmo em doses mais baixas, e que sejam também mais seguras para os inimigos naturais presentes no ecossistema agrícola.

Um desses insecticidas é o benzoato de emamectina, que é um derivado semi-sintético da avermectina produzido como metabolitos de fermentação de actinomicetos do solo, *Streptomyces avermitilis* Burg. (Lasota e Dybas, 1991). Esta substância foi descoberta em 1984 e tem uma ação estomacal e de contacto eficaz contra as pragas de lepidópteros.

O benzoato de emamectina 5 SG é uma das formulações comercializadas sob o nome de Proclaim e a sua eficácia foi demonstrada em várias pragas de lepidópteros de culturas agrícolas e hortícolas (Meena *et al.*, 2006; Dodia *et al.*, 2009; Sharma *et al.*, 2011; Barad *et al.*, 2013). A eficácia no terreno desta formulação foi melhorada através do desenvolvimento de uma nova formulação com protetor UV, ou seja, benzoato de emamectina 5 WG.

O benzoato de emamectina 5 WG foi desenvolvido pela M/s Syngenta India Ltd. e está em vias de ser registado. A eficácia de campo do Emamectin 5 WG no complexo de podborer de redgrama em Tamil Nadu, especialmente nas partes do sul, deve ser gerada. Por conseguinte, os presentes estudos foram realizados com os seguintes objectivos

1. Estudar a bioeficácia do benzoato de emamectina 5 WG contra o complexo de podridão em grama vermelha

2. Determinar a toxicidade aguda do benzoato de emamectina 5 WG contra *H. armigera* em grama vermelha

3. Estudar a persistência do benzoato de emamectina 5 WG contra *H. armigera* em grama vermelha

4. Avaliação *in vivo* do benzoato de emamectina 5 WG em parasitóides e predadores de grama-vermelha

CAPÍTULO II

REVISÃO DA LITERATURA

Embora a dependência excessiva e o uso excessivo de insecticidas tenham resultado no desenvolvimento de resistência aos insecticidas e no ressurgimento de pragas, na destruição de inimigos naturais e na poluição do ambiente, o controlo químico continua a constituir a primeira linha de defesa contra vários insectos pragas do milho. A fim de desenvolver um controlo eficaz e económico das pragas, é necessário avaliar os novos grupos e as novas formulações de produtos químicos contra várias pragas das culturas. O benzoato de emamectina 5 WG, um derivado semi-sintético da família da avermectina, é um dos insecticidas recentemente descobertos, desenvolvido pela M/s Syngenta (India) Ltd. As informações disponíveis sobre a bioeficácia do benzoato de emamectina 5 WG contra os principais parasitas das culturas arvenses, os seus efeitos fitotóxicos, a sua toxicidade aguda, a sua persistência e a sua segurança para os organismos não visados são analisadas em seguida.

2.1. Avermectinas

2.1.1. Descoberta

As avermectinas representam uma nova classe de lactonas macrocíclicas que têm atividade inseticida, acaricida e nematicida. São uma mistura de produtos naturais produzidos por um actinomiceto do solo, *Streptomyces avermitilis* Burg., MA - 4680 (NRRL 8165), que foi isolado em cultura no Instituto Kitasato a partir de uma amostra de solo recolhida na cidade de Kawana Ito, Prefeitura de Stizuoka, Japão.

No procedimento de rastreio, as culturas foram fermentadas e foram realizados testes de caldo inteiro durante seis dias através da incorporação na dieta (0,0002% da dieta) em ratos infectados com *Nematospiroides dubius* (B.), um nemátodo gastrointestinal. Os testes *in vivo* demonstraram uma boa atividade anti-helmíntica. O isolamento, a caraterização e a elucidação estrutural das avermectinas foram descritos por Burg e Stapley (1989).

2.1.2. Estrutura e química das avermectinas

As avermectinas são essencialmente constituídas por quatro componentes principais (A1a, A2a, B1a, B2a) e quatro componentes secundários homólogos (A1b, A2b, B1b, B2b). A série "A" tem um grupo metoxi na posição C_5 da fração de ciclo-hexano, enquanto a série "B" tem um grupo hidroxilo. Na série "2", a ligação dupla é hidratada, com um grupo hidroxilo em C_{23}, enquanto na série "1" existe uma ligação dupla entre C_{22} e C_{23}. A série "a" tem um grupo butilo secundário em C_{25}, enquanto a série "b" tem um grupo isopropilo. O substituinte dissacárido em C_{13} contém duas unidades idênticas de a - L - oleandrose.

A série B tem mais atividade biológica do que a série A (Albers *et al.,* 1981). A abamectina é uma mistura de B1a (≥ 80%) e B1b (≤ 20%), utilizada para o controlo de pragas de artrópodes agrícolas e domésticos.

2.1.3. Modo de ação

Turner e Schaeffer (1989) indicaram que é provável que as avermectinas actuem sobre os neurónios GABAérgicos (ácido gama-aminobutírico). Fritz *et al.* (1979) referem que as avermectinas aumentam a permeabilidade muscular aos iões cloreto, reduzindo assim os potenciais excitatórios e a resistência de entrada e diminuindo a permeabilidade das membranas.

Provoca a ação da picrotoxina (bloqueador dos canais de iões cloreto) e da bicuculina (antagonista dos receptores GABA). Assim, as avermectinas actuam como um agonista dos canais de cloreto (Albrecht e Sherman, 1987). Kass *et al.* (1984) demonstraram que as avermectinas funcionam como um agonista GABA em lombrigas (humanos) como um sistema modelo.

Além disso, os dados fisiológicos sugerem um aumento da permeabilidade das membranas aos iões cloreto (Scott e Dwe, 1985). Sami e Vaid (1988) propuseram que a afinidade das avermectinas pelas proteínas de ligação ao retinol seria também um possível mecanismo de ação das avermectinas.

A abamectina, que pertence ao grupo das avermectinas, tem uma potente atividade pesticida. É um pesticida de largo espetro e altamente tóxico para muitos artrópodes, incluindo aranhiços, insectos agromyzid, formigas, baratas e espécies selecionadas de lepidópteros (Lasota e Dybas, 1991). Ecologicamente, a abamectina é um composto seletivo com atividade residual curta e de baixo contacto, em vez de seletividade fisiológica (Strong e Brown, 1987).

A abamectina é tóxica para 84 espécies de insectos de 10 ordens, a maioria das quais de importância económica, e é também um acaricida promissor e eficaz (Strong e Brown, 1987).

2.2. Bioeficácia dos insecticidas contra as pragas das leguminosas

Quadro 1. Bio-eficácia do benzoato de emamectina contra pragas de leguminosas

S. No.	Crop	Pest	Formulation	Dose	Remarks	Reference
1.	Pigeon pea	Pod borer complex	Emamectin 5WSG	11 g a.i ha^{-1}	Lower pod borer damage (10.3%) and highest grain yield (810 kg ha^{-1})	Meena *et al.* (2006)
		Gram pod borer, *H. armigera*	Emamectin 5WSG	11 g a.i ha^{-1}	Minimum pod borer damage (6.53%) and maximum grain yield (1761 kg ha^{-1})	Dodia *et al.* (2009)
		Gram pod borer, *H. armigera*	Emamectin 5SG	11 g a.i ha^{-1}	Effective in reducing the larval population and pod damage	Sharma *et al.* (2011)
		Gram pod borer, *H. armigera*	Emamectin 5SG	200 g ha^{-1}	Minimum of 6.54 per cent pod damage and the maximum of 87.50 per cent reduction over control	Singh and Jeewesh Kumar (2012)
		Gram pod borer, *H. armigera*	Emamectin 5WG	8.1 and 9.4 g a.i ha^{-1}	Effective in suppressing the larval population (0.46 and 0.77 no./plant) and pod damage (2.86 and 3.65%)	Barad *et al.* (2013)
		Pod borer complex	Emamectin 5SG	0.3 g l^{-1}	Lower pod borer damage (6.8%) and highest grain yield (10.2 q ha^{-1})	Wadaskar *et al.* (2013)
		Pod borer complex	Emamectin 5SG	11 g a.i ha^{-1}	Superior in reducing the larval population and gave higher grain yield of 964.81kg/ha	Vinayaka *et al.* (2013)
2.	Chick pea	Gram pod borer, *H. armigera*	Emamectin 5 SG	11 g a.i ha^{-1}	Reduced pod damage (10.7%) and resulted in higher grain yield	Singh and Verma (2006)
		Gram pod borer, *H. armigera*	Emamectin 5 SG	0.0015%	Effective in reducing the larval population (92.75%) and pod damage (8.00%)	Deshmukh *et al.*, 2010
		Gram pod borer, *H. armigera*	Emamectin 5 SG	13 g a.i ha^{-1}	Lowest pod damage (4.56%) and Maximum grain yield (8.61 q/ha)	Kambrekar *et al.* (2012)
		Gram pod borer, *H. armigera*	Emamectin 5 WG	0.0025 %	Maximum reduction in pod borer with pod damage of 6.01 per cent	Babar *et al.* (2012)
3.	Urdbean	Legume pod borer, *M. vitrata*	Emamectin 5 SG	0.4 g l^{-1}	Effective in reducing the pod borer damage with high seed yield	Mahalakshmi *et al.* (2012)
4.	Dolichous bean	Pod borer complex	Emamectin 5 SG	0.2 g l^{-1}	Pod borer damage (11.75%), seed damage (20.67%) and resulted in higher seed yield (15.14 q ha^{-1})	Rekha and Mallapur (2007)
5.	Cowpea	Spotted pod borer, *M. vitrata*	Emamectin 5SG	3 g 10 l^{-1}	Lowest pod damage of 2.70 per cent and resulted in highest grain yield of 758 kg/ha	Patel *et al.* (2012)

2.3. Bioeficácia do benzoato de emamectina noutras pragas das culturas

Helicoverpa armigera foi controlada eficazmente no campo por benzoato de emamectina @ 10 g a.i. ha^{-1} em quiabos e malaguetas (Shobanadevi, 2003). A pulverização foliar de benzoato de Emamectina @ 8,75 g a.i. ha^{-1} resultou numa redução de 81,3 por cento na população larvar de *Plutella xylostella* L.

e foi eficaz até 14 dias após o tratamento (Suganyakanna, 2003). Os danos causados pelo bicho-papão foram menores nas parcelas tratadas com benzoato de emamectina @ 11 g a.i. ha^{-1} (4,19%), o que resultou em um maior número de cápsulas bem abertas, juntamente com o maior rendimento de algodão em caroço (15,93 q ha^{-1}) (Udikeri *et al.*, 2004). Suganyakanna *et al.* (2005) relataram que o benzoato de emamectina 5 SG @ 10 g a.i.ha^{-1} e 8,75 g a.i.ha^{-1} foram eficazes na redução da população de larvas da broca do tomateiro *H. armigera* e dos danos aos frutos, proporcionando o maior rendimento. Murugaraj *et al.*, (2006) referiram que o benzoato de emamectina @ 11 g a.i. ha^{-1} registou o mínimo de 2,47 por cento de danos nos frutos e o máximo de 91,46 por cento de redução em relação ao controlo no tomate. Kuttalam *et al.* (2008) observaram que o benzoato de emamectina 5 EC @ 13 e 15g a.i ha^{-1} foi eficaz na supressão da população larvar de *E. vittella* no quiabeiro.

Achaleke *et al.* (2009) descobriram que o benzoato de emamectina @12 g a.i ha^{-1} foi eficaz na supressão de danos nas cápsulas e na população larvar de *H. armigera* no algodão. A aplicação foliar de benzoato de Emamectina 5 SG @ 6,75 g a.i ha^{-1} foi eficaz na gestão dos bollworms e na redução do material de eliminação, infestação de lóculos e maus kapas (Gaikwad *et al.*, 2009). Duas rodadas de aplicação de benzoato de emamectina 5 SG @ 220 g/ha, a partir de 50 dias após a semeadura, em intervalos quinzenais, foram eficazes no manejo da *H. armigera* no algodão (Murali Baskaran *et al.*, 2010).

Govindan *et al.* (2011) revelaram que o benzoato de emamectina 5 SG @ 11 e 15 g a.i ha^{-1} foi altamente eficaz no controlo da população larvar de *E. vittella* e *H. armigera* no quiabo e no algodão. Kalawate e Dethe (2012) revelaram que o benzoato de emamectina 5 SG @ 12,5 g a.i ha^{-1} foi considerado eficaz contra a broca do rebento e do fruto em brinjal. O benzoato de emamectina 5 SG @ 220 g a.i. ha^{-1} foi considerado significativamente mais eficaz, o que causou a maior redução média da população de larvas da broca do tomate e danos aos frutos, 88,91 e 2,25 por cento (Sahito *et al.*, 2013). A aplicação de benzoato de emamectina 5 WG @ 125 e 150 g / ha foi capaz de reduzir mais de 90% da população de broca de frutas (*H. armigera* e *E. vittella*) e alimentador de folhas (*S. litura*) e também danos aos frutos, causados por brocas de frutas e deu maior rendimento de frutas de 17,89 e 17,45 t / ha em quiabo (Parthiban *et al.*, 2014).

2.4. Fitotoxicidade do benzoato de emamectina para as plantas

Prasad Kumar e Devappa (2006) não registaram sintomas fototóxicos em brinjal com Proclaim® 5 SG a 100, 200, 300 e 400 g a.i ha^{-1} . Balikai e Patil (2007) referiram que o benzoato de emamectina 5 SG não causou quaisquer efeitos fitotóxicos nas uvas. O benzoato de emamectina 5 EC e o WSG @ 9 g a.i. ha^{-1} não causaram quaisquer sintomas fitotóxicos em plantas de quiabo (Birah Ajanta e Raghuraman, 2011). O benzoato de emamectina 5 SG @11 e 13 g a.i. ha^{-1} não produziu quaisquer sintomas fitotóxicos em plantas de grão-de-bico (Kambrekar *et al.*, 2012). Estudos conduzidos por Karthik (2013) revelaram que o benzoato de emamectina 5 SG não causou nenhum sintoma fitotóxico, como lesão na ponta e na superfície da folha, murcha, clareamento de veias, necrose, epinastia e hiponastia em quiabo e algodão.

2.5. Toxicidade aguda dos insecticidas químicos

Gupta *et al.* (2005) referiram que os valores LC_{50} do benzoato de emamectina, indoxacarb, spinosad e quinolphos após 72 horas de exposição contra larvas de segundo instar de *H. armigera* eram 0,0004, 0,0023, 0,0038 e 0,0179 por cento, respetivamente. Os valores LD_{50} do benzoato de emamectina para as gerações F_1 e F_6 de *H. armigera* foram de 0,00386 pg larvae^{-1} e 0,00105 pg larvae^{-1} , respetivamente (Stanley *et al.*, 2006). Os valores de LC_{50} de lambda cyhalothrin 5 EC e quinolphos 25 EC após 12 horas de exposição contra larvas de 7 dias de idade de *S. litura* pelo método de imersão em folha foram 0,0152 e 0,0236 por cento, respetivamente (Kodandaram *et al.*, 2009). Rashad Rasool Khan *et al.* (2010) referiram que a mortalidade percentual devida a spinosad 240 SC e indoxacarb 150 SC foi de 300 e 200 ppm em *H. armigera* após 48 horas. O LC_{50} do karatê foi de 70,31 ppm no segundo instar da geração F1 de *H. armigera*, após 48 horas, seguido pela cipermetrina (277,67 ppm) e pelo spinter (454,85 ppm) (Shinde *et al.*, 2011).

Kanwar *et al.* (2012) relataram que o valor LC_{50} de *H. armigera* foi de 0,0361 por cento para lambda cyhalothrin 5 EC pelo método de bioensaio de filme de resíduo. Sabre *et al.* (2013) relataram que a CL_{30} de metoxifenozida e tiodicarbe contra *H. armigera* foi de 148 e 550 pg/ml. Karuppaiah e Chitra (2013) relataram que, no bioensaio de imersão foliar de clorantraniliprole contra o terceiro instar de *S. litura,* a CL_{50} após 24 h foi de 0,0001 por cento, seguida por benzoato de emamectina (0,0002%) e indoxacarbe (0,0012).

2.6. Persistência do benzoato de emamectina e de outros insecticidas

O benzoato de emamectina, em virtude da sua atividade translaminar, proporcionou assim uma ação residual relativamente prolongada. Tal como no caso da abamectina, os resíduos superficiais decompõem-se rapidamente à luz solar, o que resulta numa toxicidade relativamente baixa para os insectos benéficos (Feely *et al.*, 1992). Thiamethoxam 25 WG @ 100 g ha^{-1} aplicado como tratamento foliar persistiu por 26 dias contra pulgões e cigarrinhas no algodão (Mathirajan e Regupathy, 2001).

Brevault *et al.* (2009) relataram que a persistência foi maior para Emamectin benzoate 5 EC @10 g a.i ha^{-1} (10,6 dias) seguido por spinosad 45 SC @ 36 g a.i ha^{-1} (8,9 dias) e a persistência foi menor para indoxacarb @ 25 g a.i ha^{-1} (3,7 dias) e endosulfan @ 750 g a.i ha^{-1} (5,2 dias) em plantas de algodão. Com base nos valores de toxicidade persistente, o spinosad 0,005% (1026,2) foi considerado eficaz contra larvas de primeiro instar de *E. vittella* e o maior valor de PT foi obtido para o spinosad 0,005% (764,9) contra larvas de terceiro instar em frutos de quiabo (Shinde *et al.*, 2010). Karthik (2013) relatou que a ordem de eficácia relativa (ORE) dos insecticidas com base nos valores do índice de toxicidade persistente (PTI) contra *H. armigera* foi benzoato de emamectina 5 SG a 15 g a.i. ha^{-1} > benzoato de emamectina a

11 g a.i. ha^{-1} > Proclaim® > benzoato de emamectina a 9 g a.i. ha^{-1} > benzoato de emamectina a 7 g a.i. ha^{-1} > spinosad a 75 g a.i. ha .$^{-1}$

2.7. Toxicidade do benzoato de emamectina e de outros insecticidas para inimigos naturais e insectos benéficos

Compreender a toxicidade dos insecticidas para os organismos benéficos, como parasitóides, predadores, abelhas e minhocas, é importante e relevante para desenvolver um bom programa de gestão das pragas (Neetan e Aggarwal, 2012). Os níveis de toxicidade do benzoato de emamectina e de outros insecticidas para os organismos úteis acima referidos são analisados em seguida.

2.7.1. Toxicidade do benzoato de emamectina no parasitoide de ovos, *Trichogramma chilonis* Ishii

Em geral, a abamectina é menos tóxica para os artrópodes benéficos (abelhas melíferas, parasitóides e predadores), especialmente quando a exposição à planta tratada ocorre além de um dia após a aplicação (Dybas, 1989). Nian *et al.* (1997) relataram que, quando *T. chilonis* foi tratado com o componente B1 mais tóxico da abamectina na concentração de 40 mg l^{-1} , a mortalidade corrigida às 72 h foi de 11%, indicando que, como inseticida biológico, a abamectina é relativamente segura para as populações de *Trichogramma* nos campos de algodão. Aston *et al.* (2001) efectuaram estudos de campo e de laboratório com a emamectina numa vasta gama de espécies benéficas relevantes para as culturas hortícolas. A seletividade global da emamectina torna-a uma ferramenta útil nos sistemas de gestão integrada de pragas.

Govindan (2009) observou que o benzoato de emamectina 5 SG não apresentou efeitos nocivos para *T. chilonis*. O benzoato de emamectina 5 SG a 7 e 9 g a.i. ha-1 registou 84,22 e 80,51 por cento de parasitismo, respetivamente. O tratamento de ovos parasitados com benzoato de emamectina 5 SG não causou quaisquer efeitos nocivos para os parasitóides em desenvolvimento, emergência de adultos e adultos emergidos. Aiswariya (2010) relatou que o benzoato de emamectina teve um efeito menor sobre o surgimento de adultos de *Trichogramma*, pois 86,10% e 83,98% dos adultos emergiram da dose recomendada de benzoato de emamectina (9 g a.i. ha^{-1}) tratada com ovos *de Corcyra* parasitados por *Trichogramma*. Sattar *et al.* (2011) revelaram que o benzoato de emamectina era ligeiramente nocivo para as fases de ovo, larva e pupa de *T. chilonis* com base na emergência de adultos. Wang *et al.*, (2012) verificaram que o benzoato de emamectina era menos tóxico para *Trichogramma confusum* Viggiani. Karthik (2013) relatou que o benzoato de emamectina 5 SG @ 11 g a.i./ha registou 87,60 e 87,50 por cento de parasitização e emergência de adultos, respetivamente. O benzoato de emamectina 5 SG não causou quaisquer efeitos adversos nos adultos de *T. chilonis*.

2.7.2. Toxicidade do benzoato de emamectina no predador de ovos-larvas, *Chrysoperla zastrowi sillemi* (Esben - Petersen)

Bueno e Freitas (2004) relataram que a viabilidade dos ovos de *Chrysoperla externa* (Hagen) não foi afetada pela abamectina. As larvas neonatas de ovos pulverizados com abamectina, bem como as larvas de primeiro, segundo e terceiro instares, quando tratadas diretamente, desenvolveram-se normalmente e produziram adultos normais. Udikeri *et al.* (2004) relataram que o benzoato de emamectina 5 SG (Proclaim®) era seguro para *Chrysoperla* spp. no ecossistema do algodão. Alagar e Sivasubramanian (2007) observaram que o endosulfan 0,07 por cento era ligeiramente nocivo para larvas de primeiro instar de *C. carnea,* enquanto o dimetoato era nocivo para larvas de primeiro e terceiro instar de *C. carnea.*

Aiswariya (2010) relatou que o benzoato de emamectina 5 WSG não teve efeito adverso sobre a eclodibilidade dos ovos de *C. carnea* e que a dose mais alta de 13 g a.i. ha^{-1} matou 20,73% dos ovos *de Chrysoperla*, mas foi apenas 8,33% para a dose mais baixa de 7 g a.i. ha^{-1} . A maior eclodibilidade de ovos de *C. carnea* foi registada pelo benzoato de emamectina 5 SG a 7 (90,33%) e 9 g a.i. ha^{-1} (85,00%) quando comparado com o controlo não tratado (96,33%). A fecundidade dos adultos diminuiu à medida que a concentração de benzoato de emamectina 5 SG aumentou (Govindan *et al.,* 2012). A menor mortalidade larval de *C. carnea* foi registada com benzoato de emamectina 5 SG @ 7 (10,00%) e 9 g a.i/ha (23,33%) no método de película seca após 24 HAT (Karthik, 2013). A maior eclodibilidade de ovos de 93,33% foi observada na dose baixa de benzoato de emamectina 5 WG @ 5 g a.i/ha, seguida por benzoato de emamectina 5 WG @ 6,25 e 7,5 g a.i/ha, que registou 91,00 e 87,67% de eclodibilidade em *C. zastrowi sillemi* (Thangavel *et al.,* 2014).

2.7.3. Toxicidade do benzoato de emamectina em coccinelídeos e outros predadores

Udikeri *et al.* (2004) referiram que o benzoato de emamectina 5 SG era seguro para os coccinelídeos no ecossistema do algodão. Yogesh Patel *et al.,* (2009) registaram uma redução mínima na população de coccinelídeos, crisopídeos e crisopídeos em relação ao controlo, em parcelas tratadas com benzoato de emamectina @ 8 g a.i. ha^{-1} seguido de benzoato de emamectina @ 9,8 g a.i. ha^{-1} , spinosad 45 SC @ 75 g a.i. ha^{-1} e spinosad 45 SC @ 100 g a.i ha^{-1} . Govindan (2009) concluiu que os tratamentos com benzoato de emamectina 5 SG eram mais seguros para os coccinelídeos quando comparados com outro tratamento padrão, o endossulfão 35 EC. Sheeba Jasmine e Kuttalam (2011) sugeriram que o benzoato de emamectina 5SG e 1,9 EC foi considerado mais seguro para os coccinelídeos em diferentes concentrações testadas. A população mais elevada foi registada em parcelas de bhendi tratadas com benzoato de emamectina @ 7 g a.i. ha^{-1} seguido de benzoato de emamectina @ 11 g a.i. $ha^{-1,}$ respetivamente. O benzoato de emamectina 5 SG @ 11 e 13 g a.i. ha^{-1} não teve efeitos adversos sobre os inimigos naturais *viz.,* coccinelídeos e aranhas no grão-de-bico (Kambrekar *et al.,* 2012). Todos os tratamentos de benzoato de Emamectina @ 7, 9 e 11 g a.i/ha impostos foram comparativamente menos tóxicos para coccinelídeos (Aiswariya, 2010; Karthik, 2013).

2.7.4. Toxicidade do benzoato de emamectina para as abelhas

As abelhas melíferas desempenham um papel importante na polinização das flores. Estas abelhas polinizadoras são diretamente expostas durante a pulverização, bem como aos insecticidas deixados na cultura, pelo que é importante conhecer o nível de toxicidade dos insecticidas para as abelhas melíferas. Lasota e Dybas (1991) verificaram que as abelhas melíferas eram muito sensíveis à abamectina após contacto direto através dos seus alimentos e da folhagem tratada.

Aston *et al.* (2001) referiram que a aplicação direta de abamectina causou 100% de mortalidade, mas a aplicação indireta de abamectina não teve qualquer efeito em *Apis mellifera* (F.) 24 horas após a aplicação. Govindan (2009) verificou que o benzoato de emamectina 5 SG @ 7, 9 e 11g a.i. ha^{-1} causou 3,33, 10,00 e 16,67 por cento de mortalidade, respetivamente, às abelhas indianas, *Apis cerana indica* (F.) às 12 HAT, e aumentou para 10,00, 13,33 e 29,00 por cento, respetivamente, após 24 HAT.

Os insecticidas padrão endosulfan e spinosad registaram um aumento da mortalidade de 37,67 e 32,68%, respetivamente. Estudos realizados por Aiswariya (2010) revelaram que o benzoato de emamectina @ 9 g a.i. ha^{-1} era tóxico quando as abelhas eram expostas a uma película seca de benzoato de emamectina, registando 86,19, 85,12 e 85,61 por cento de mortalidade a 24 HAT para *A. cerana indica, A. mellifera* e *Apis florea*, respetivamente, enquanto o inseticida padrão endosulfan registava uma mortalidade inferior de 67,44, 64,50 e 66,67 por cento.

Karthik (2013) referiu que o benzoato de emamectina 5 SG era relativamente mais seguro para as abelhas *vizinhas,* as abelhas indianas, *A. cerana indica,* as abelhas pequenas, *A. florae* e as abelhas italianas, *A. mellifera,* do que o spinosade.

2.7.5. Toxicidade do benzoato de emamectina nas minhocas

As minhocas desempenham um papel importante na melhoria da estrutura e da fertilidade do ecossistema do solo. As populações de minhocas são drasticamente influenciadas pelas práticas agrícolas modernas. Os pesticidas aplicados como tratamento do solo podem afetar as minhocas não visadas devido aos resíduos deixados nas terras de cultivo. As minhocas são bioindicadores adequados de contaminação do solo e podem ser utilizadas para fornecer limiares de segurança para aplicações de insecticidas (Edwards, 1984).

Addison e Holmes (1995) referiram que *Eudrilus foetida* (Kinberg) e *Dendrobaena octaedra* Savigny eram relativamente susceptíveis ao fenitrotião, embora *D. octaedra* (LC_{50} = 3 93,9 ml cm^{-2}) fosse aproximadamente oito vezes menos sensível do que *E. foetida* (LC_{50} = 54,1 ml cm^{-2}). Os valores de CL_{50} da abamectina para *Eudrilus eugeniae* (Kinberg) pelo método de bioensaio de teste de solo artificial foram 33,2, 17,4 e 4,6 mg kg^{-1} de solo em 2, 7 e 14 dias, respetivamente, Os valores de CL_{50} da abamectina para *E. eugeniae* a 2, 7 e 14 dias pelo método de bioensaio de teste de estrume foram 177,1, 53,3, 35,9 mg kg^{-1} de estrume, respetivamente, enquanto os mesmos valores para *Perionyx excavatus* foram 172,6, 47,2 e 30,5 mg kg^{-1} de estrume, respetivamente (Sheeba Jasmine, 2005). Govindan *et al.* (2012) observaram que o valor LC_{50} foi de 16,22 ppm no solo aos 2 DAT, enquanto o respetivo valor LC_{50} do benzoato de emamectina para *E. eugeniae* aos 2 dias pelo método de bioensaio de testes de estrume de vaca foi de 15,44 ppm. O valor LC_{50} do benzoato de emamectina 5 SG para a minhoca *E. eugeniae* foi de 17,22 ppm no solo e 16,47 ppm no estrume de vaca aos 2 DAT (Karthik, 2013).

CAPÍTULO III

MATERIAIS E MÉTODOS

Foram efectuadas experiências de campo para avaliar a bioeficácia do benzoato de emamectina 5 WG, em aplicação foliar, contra o complexo de brocas das vagens *(Helicoverpa armigera* Hubner), a broca da vagem manchada *(Maruca vitrata* Geyer) e a broca da vagem espinhosa *(Etiella zinckenella* Treitschke) do grama-vermelha e a sua fitotoxicidade para as plantas hospedeiras. Foram realizadas experiências laboratoriais com o benzoato de emamectina 5 WG para estimar a toxicidade aguda para os insectos, a persistência e a toxicidade dos insecticidas para os inimigos naturais e os insectos benéficos. As experiências em condições de campo e de laboratório foram realizadas entre agosto de 2012 e março de 2014. Os materiais e metodologias adoptados para os vários estudos são descritos abaixo.

Tabela 2. Localização e período das experiências de campo e de laboratório

S. No.	Title of experiments	Period	Location
Field experiments			
1.	Field evaluation of Emamectin benzoate 5 WG against pod borer complex in redgram - First season	Aug 2012 - Jan 2013	B. Mettupatti Alanganallur Block, Madurai
2.	Field evaluation of Emamectin benzoate 5 WG against pod borer complex in redgram - Second season	Aug 2013 - Jan 2014	B. Mettupatti Alanganallur Block, Madurai
Laboratory experiments			
1.	Mass culturing of *Helicoverpa armigera*	Aug 2012 – March 2014	Insectary, AC&RI, Madurai
2.	Acute toxicity of Emamectin benzoate 5 WG against *H. armigera*	Nov 2012	Insectary, AC&RI, Madurai
5.	Persistent toxicity of Emamectin benzoate 5 WG against *H. armigera* on redgram	March 2013	Insectary, AC&RI, Madurai
8.	Mass culturing of *Trichogramma chilonis* and *Chrysoperla zastrowi sillemi*	May 2013 - Jan 2014	Biocontrol Laboratory, AC&RI, Madurai
9.	Toxicity of Emamectin benzoate 5 WG on *T. chilonis*	Sep 2013	Biocontrol Laboratory, AC&RI, Madurai
10.	Toxicity of Emamectin benzoate 5 WG on *C. zastrowi sillemi*	Oct 2013	Biocontrol Laboratory, AC&RI, Madurai

11.	Toxicity of Emamectin benzoate 5 WG on honeybees	Dec 2013	Insectary, AC&RI, Madurai
12.	Toxicity of Emamectin benzoate 5 WG on earthworms	Jan 2014	Insectary, AC&RI, Madurai

3. Experiências no terreno

3.1. Avaliação da bioeficácia do benzoato de emamectina 5 WG contra *H. armigera, M. vitrata* e *E. zinckenella* de grama-vermelha

Foram realizadas duas experiências de campo, uma em B. Mettupatti (I época: agosto de 2012 a janeiro de 2013) e outra na mesma aldeia (II época: agosto de 2013 a janeiro de 2014) a 9° 54' de latitude Norte e 78° 54' de longitude Este a uma altitude de 147 m acima do nível médio do mar para avaliar a bioeficácia da Emamectina 5 WG contra a broca da vagem da grama, a broca da vagem manchada e a broca da vagem espinhosa e os seus inimigos naturais no grama vermelha (Cv: Co 6). As experiências foram efectuadas em parcelas de 4 x 10 m num RBD com oito tratamentos e cada um deles foi repetido três vezes. Durante todo o período experimental, foi mantido um stand de cultura saudável, seguindo as práticas agronómicas recomendadas pela TNAU (Quadro 1).

Durante a primeira época, foram efectuadas três rondas de pulverização em 3.12.2012, 13.12.2012 e 24.12.2012, respetivamente, com dez dias de intervalo, a partir de 120 dias após a sementeira. Durante a segunda época, foram efectuadas três rondas de pulverização em 9.12.2013, 19.12.2013 e 30.12.2013, respetivamente, com um intervalo de dez dias, a partir dos 125 dias após a sementeira. Utilizou-se um pulverizador pneumático de dorso (pulverizador Aspee) com 500 litros de líquido de pulverização por hectare para pulverizar várias doses de inseticida de ensaio quando as pragas atingiram o ETL (10% de danos nas vagens para as brocas das vagens) (Placa 2).

3.1.1. Detalhes do tratamento

Os insecticidas aplicados em várias doses ao redgrama são os seguintes

S. No.	Treatment	Dose (g ai./ha)	Dose Product (g/ml ha^{-1})
1.	Emamectin benzoate 5WG	5.00	100
2.	Emamectin benzoate 5WG	6.25	125
3.	Emamectin benzoate 5WG	7.50	150
4.	Emamectin benzoate 5SG	11.00	220
5.	Lufenuron 5 % EC	30.0	600
6.	Spinosad 45% SC	56.0	125
7.	Chlorantraniliprole 18.5% SC	30.0	150
8.	Untreated check	--	--

Placa 1. Podborers e inimigos naturais em redgrama

Larva *de Helicoverpa armigera* danificando flores e vagens jovens

Larva *de Maruca vitrata*

Teia causada por *M. vitrata*

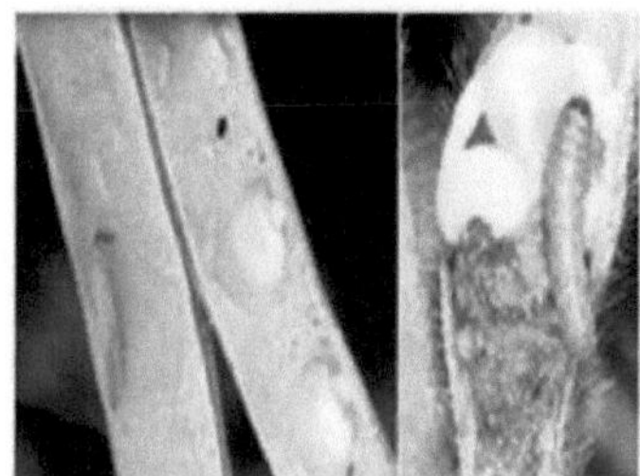

Etiella zinckenella

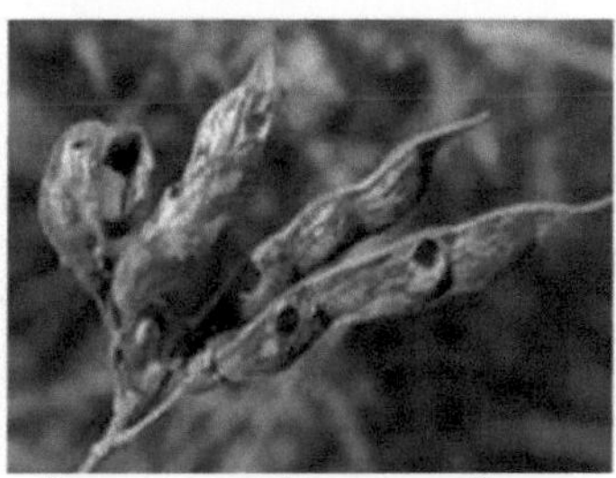

Danos causados por podborers

Oxyopes salticus

Cheilomenes sexmaculata

Placa 2. Disposição das experiências de campo em redgrama

Vista de campo sobre a bioeficácia de Emamectin 5 WG contra o complexo de podridão em grama vermelha (I Temporada)

Vista de campo sobre a bioeficácia de Emamectin 5 WG contra o complexo de podridão em grama vermelha (II Temporada)

3.1.2. Método de avaliação de pragas e inimigos naturais

3.1.2.1. População de *H. armigera, M. vitrata* e *E. zinckenella*

A população de *H. armigera, M. vitrata* e *E. zinckenella* (número de larvas/10 plantas) foi registada antes da pulverização e aos 3, 7 e 10 dias após cada pulverização em 10 plantas selecionadas aleatoriamente em cada repetição e no controlo não tratado. Foi calculada a percentagem de redução em relação ao controlo para cada tratamento.

3.1.2.2. Danos causados por brocas nas vagens

A percentagem de danos nas vagens foi observada antes da pulverização e aos 3, 7 e 10 dias após cada pulverização e foi estimada através da contagem do número total de vagens saudáveis e infestadas de dez plantas selecionadas aleatoriamente em cada repetição e controlo não tratado.

3.1.2.3. População de inimigos naturais

A população de coccinelídeos e aranhas (números/10 plantas) foi registada em 10 plantas selecionadas aleatoriamente antes da pulverização e aos 3, 7 e 10 dias após cada pulverização em cada repetição e no controlo não tratado.

3.1.3. Fitotoxicidade do Emamectin 5 WG no salgueiro

A fitotoxicidade do Emamectin 5 WG @ 7,5 g a.i./ha (150 g/ha) e 15 g a.i./ha (300 g/ha) para o redgrama foi observada 1, 3, 5, 7 e 10 dias após o tratamento, durante os quais foram registados vários sintomas fitotóxicos, como lesões na ponta da folha, murchidão, necrose, clareamento das veias, epinastia e hiponastia no redgrama. A extensão da fitotoxicidade foi registada com base na escala prescrita pelo Central Insecticide Board and Registration Committee.

As lesões nas folhas foram avaliadas através de uma classificação visual numa escala de 0-10

Rating	Phytotoxicity (%)
0	No phytotoxicity
1	1-10
2	11-20
3	21-30
4	31-40
5	41-50

6	51-60
7	61-70
8	71-80
9	81-90
10	91-100

A percentagem de lesão foliar foi calculada através da fórmula

$$\text{Per cent leaf injury} = \frac{\text{Total grade points}}{\text{Maximum grade x Number of leaves observed}} \times 100$$

3.1.4. Rendimento

As vagens de grama-vermelha após a maturidade foram colhidas em cada parcela e o rendimento foi registado por parcela e expresso em quintais por hectare.

4. Experiências laboratoriais

4.1. Cultura em massa de insectos de ensaio

4.1.1. Broca do fruto, *H. armigera*

a. Criação de larvas

As larvas de *H. armigera* recolhidas no campo foram criadas separadamente num tabuleiro com várias cavidades contendo uma dieta semi-sintética à base de farinha de grão-de-bico (Sathiah, 2001). A dieta antiga foi substituída por uma nova em dias alternados. As pré-pupas foram recolhidas em vermiculite para pupação (placa 3).

b. Criação de adultos

As pupas recolhidas da cultura foram colocadas numa gaiola de emergência de adultos com 30 x 30 x 30 cm. Cinco pares de adultos recém-emergidos foram transferidos para baldes de plástico de sete litros de capacidade, mantendo a proporção sexual de 1:1 para a oviposição. Os adultos foram alimentados com uma solução de açúcar a 10 por cento enriquecida com gotas multivitamínicas. A boca do balde foi coberta com um pano de musselina esterilizado que serviu de substrato para a oviposição. Os baldes foram mantidos num local escuro a 25° C com 75% de HR.

c. Recolha de ovos

O pano de musselina, juntamente com os ovos, foi recolhido a partir do terceiro dia e colocado num recipiente de plástico coberto com uma tampa. O mesmo foi mantido dentro de outro recipiente com uma camada de água para manter a humidade. Após a formação de uma banda germinativa distinta nos ovos, as roupas de ovos foram esterilizadas à superfície com formalina a 10 por cento durante 10 minutos e lavadas em água corrente da torneira durante 20 minutos para evitar a incidência de nucleopoliedrovírus na cultura. As roupas dos ovos foram secas à sombra à temperatura ambiente (27-32°C) e levadas de volta para outra câmara humificada estéril para eclosão. As larvas recém-eclodidas foram transferidas para um tabuleiro com várias cavidades, a 2-3 ovos/cavidade, contendo dieta (placa 3). Quando as larvas atingiram o segundo instar, foram transferidas individualmente para um tabuleiro com várias cavidades, a fim de evitar o canibalismo. As larvas criadas foram utilizadas para estudos de bio-ensaio.

Placa 3. Cultura em massa de *Helicoverpa armigera*

Criação de larvas em tabuleiro multicavidades Pupa

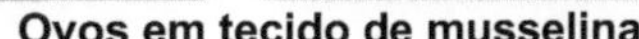

Gaiola de oviposição **Ovos em tecido de musselina**

4.2. Cultivo em massa de inimigos naturais

4.2.1. Criação em massa do parasitoide de ovos, *T. chilonis*

4.2.1.1. Cultura de *C. cephalonica*

A criação de *C. cephalonica* foi efectuada no laboratório de acordo com o método descrito por Navarajanpaul (1973). Os adultos emergidos *de C. cephalonica* foram recolhidos de manhã e colocados numa gaiola de oviposição de 21 x 25 cm, com uma rede de arame no fundo e nos lados laterais para ventilação. Os adultos foram alimentados com uma solução de mel a 50 por cento. Os ovos foram recolhidos na parte inferior num papel absorvente mantido num tabuleiro e limpos com peneiras ou separadores de ovos. Os ovos limpos foram polvilhados sobre grãos de cumbu partidos, à razão de um cc por 2,5 kg de grãos, fortificados com dez gramas de levedura numa bacia de plástico (45 x 30 x 10 cm) e cobertos com um pano khada. Tomou-se o cuidado de manter a cultura livre de ácaros de armazenagem e doenças, misturando 5,0 g de enxofre molhável 80 WP e sulfato de estreptomicina 0,5 por cento, respetivamente. Os adultos que emergiram foram recolhidos e utilizados novamente para a cultura do hospedeiro (*C. cephalonica)* e do parasitoide *(T. chilonis).* A cultura foi mantida a 26±1^{O} C, RH 75±5% e fotoperíodo de 16:8 h escoto/foto.

4.2.1.2. Cultura de *T. chilonis*

O parasitoide de ovos, *T. chilonis*, foi cultivado em massa nos ovos de *C. cephalonica*, de acordo com o método descrito por Prabhu (1991). Os ovos frescos *de C. cephalonica* foram recolhidos de manhã cedo e esterilizados sob radiação UV de 15 Watts durante 20 minutos a uma distância de 15 cm para evitar a emergência de larvas *de C. cephalonica* (placa 4a). Os ovos esterilizados foram depois colados em cartões de papel de 21 x 30 cm, contendo trinta rectângulos de 7 x 2 cm. Estes cartões de ovos foram colocados em sacos de polietileno juntamente com cartões de núcleos na proporção de 6:1 para serem parasitados pelos parasitóides de ovos a 26±1^{O} C, RH 75±5% e fotoperíodo 16:8 h regime foto/foto. Após a parasitagem, os cartões de ovos foram cortados em pedaços de um cm^2 e os ovos parasitados com três dias de idade e com percentagem de parasitagem (ovos com aspeto preto e rugoso) foram utilizados para as experiências de toxicidade.

4.2.2. Cultura em massa de crisopídeos verdes predadores, *C. zastrowi sillemi*

A criação em massa de *C. zastrowi sillemi* foi efectuada com ovos de *C. cephalonica* como alimento, seguindo o método descrito por Swamiappan (1996).

Placa 4. Cultura em massa de inimigos naturais

a. Cultura em massa de *Trichogramma chilonis*

Host insect *Corcyra cephalonica* rearing

Adult oviposition cage

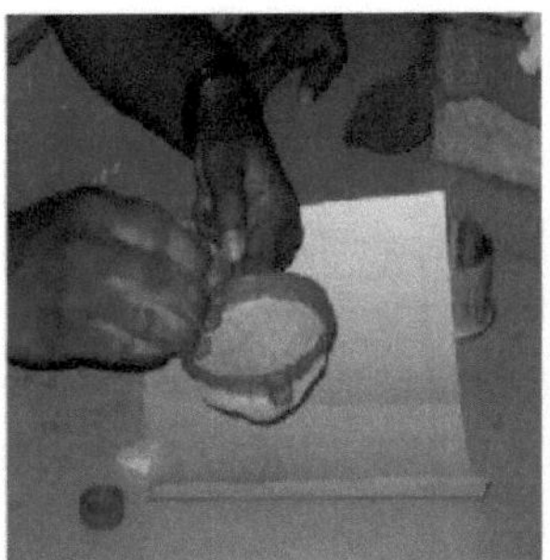
Egg card preparation

Egg sterilization under UV radiation

Trichogramma egg card

b. Cultura em massa de *Chrysoperla zastrowi sillemi*

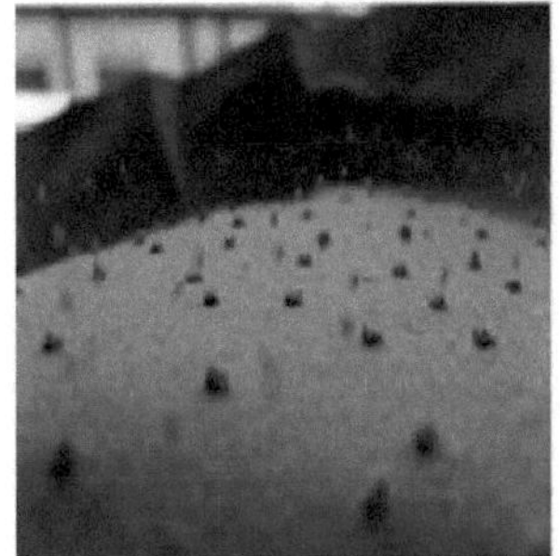
Stalked egg

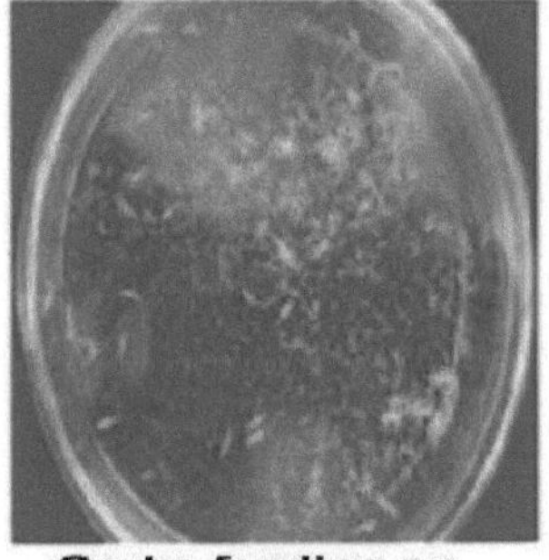
Grubs feeding on *Corcyra* eggs

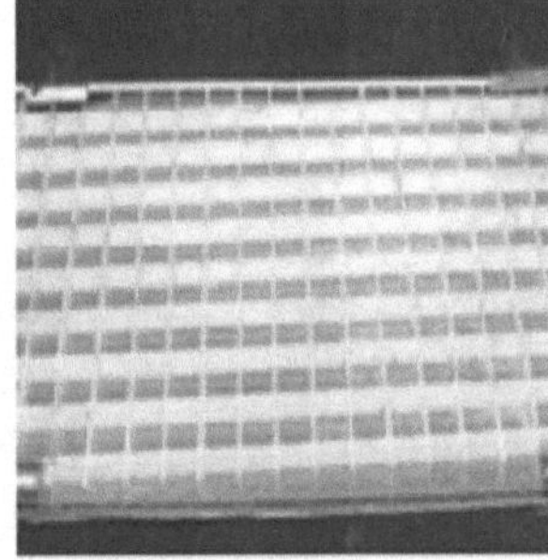
Grub rearing tray

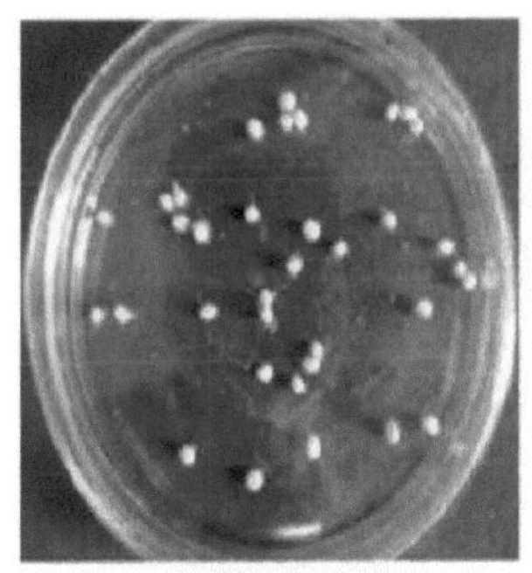
Pupa

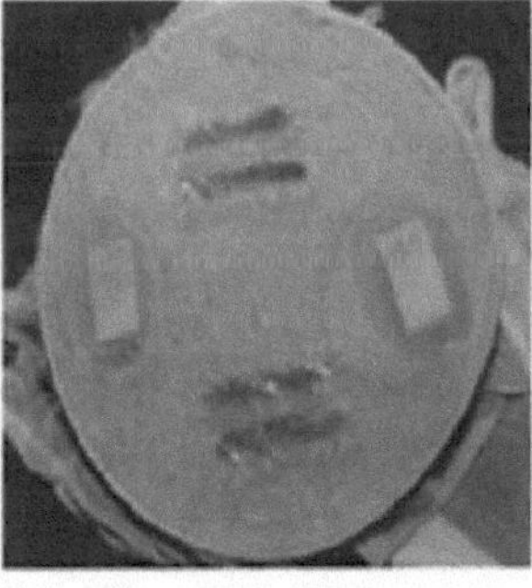
Adult oviposition cage

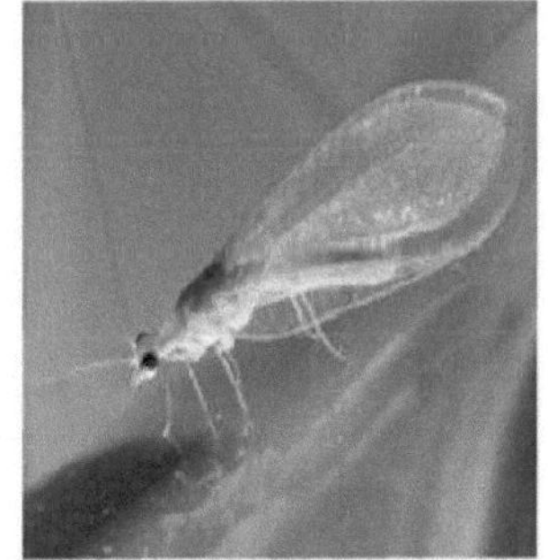
Adult

4.2.2.1. Criação de larvas

As larvas de *C. zastrowi sillemi* foram criadas em bacias de ferro galvanizado (28 cm de diâmetro) com 250 larvas por bacia, cobertas com tecido khada. Os ovos de *C. cephalonica* foram fornecidos como alimento para as larvas no laboratório. Foram fornecidos cerca de 2,5 cc de ovos de *C. cephalonica* por bacia, em dias alternados. Após cinco alimentações, as larvas transformaram-se em casulos redondos de seda de cor branca. Os casulos foram recolhidos e transferidos para um recipiente de plástico de um litro com uma janela de rede de arame para o aparecimento de adultos a 26 ± 1^{O} C, RH 75±5% e fotoperíodo de 16:8 h de foto/foto (placa 4b).

4.2.2.2. Criação de adultos

Os adultos foram recolhidos e transferidos para gamelas GI (30 cm de diâmetro x 12 cm de altura), envolvidas no interior com folhas castanhas para recolha dos ovos. A calha foi coberta com um pano de nylon e mantida firme com a ajuda de um elástico. Sobre a cobertura de pano, foram colocados dois pedaços de esponja de espuma (2,5 cm^2) mergulhados em água, para além de uma dieta artificial rica em proteínas, sob a forma de pasta semi-sólida. Esta dieta era constituída por uma parte de levedura em pó, uma parte de frutose, uma parte de mel e uma parte de Protinex®. Misturou-se água para obter uma pasta. Os adultos põem os ovos no lençol castanho enrolado no interior do bebedouro. Os adultos foram recolhidos diariamente e colocados em novos bebedouros com ração fresca a 26 ± 1^{O} C, RH 75±5% e fotoperíodo 16:8 h regime foto/foto. Dos bebedouros antigos foram retiradas as folhas de papel castanho juntamente com os ovos de *C. zastrowi sillemi.*

4.2.3. Multiplicação em massa de minhocas da terra, *Eudrilus eugeniae*

A cultura de *E. eugeniae* foi multiplicada em massa em vasos de barro. O solo (20 kg) colhido na quinta do pomar, limpo de seixos, detritos de plantas e outros materiais estranhos, foi emendado com 10 por cento de estrume da quinta. Os vasos de terra foram mantidos num local fresco e escuro e a humidade foi mantida a um nível constante por aspersão periódica de água (Suganyakanna, 2006). Após seis meses, foram selecionadas minhocas de tamanho médio com clitelo bem desenvolvido para as experiências.

4.3. Toxicidade aguda do benzoato de emamectina 5 WG contra *H. armigera* em grama vermelha

A toxicidade aguda do Emamectin 5 WG contra *H. armigera* foi conduzida pela técnica de bioensaio de imersão de vagens (Ahmad *et al.,* 2003). Oito doses diferentes (0.05, 0.1, 0.15, 0.2, 0.25, 0.3, 0.35 e 0.40 g/litro de água) de Emamectin 5 WG, Emamectin 5 SG (0.15, 0.20, 0.25, 0.35, 0.45, 0.50, 0.55 e 0.60 g/litro de água) e Chlorantraniliprole 18.5 SC (0.10, 0.15, 0.20, 0.25, 0.30, 0.35, 0.40 e 0.45 ml/litro de água) foram preparados com água destilada e testados contra o terceiro instar de *H. armigera.* As vagens uniformes de tamanho médio e precocemente amadurecidas de grama vermelha foram esterilizadas à superfície em hipoclorito de sódio (0,5%), enxaguadas em água estéril e secas à sombra num papel de filtro ao ar livre. As vagens de grama-vermelha foram mergulhadas separadamente em cada concentração dos insecticidas durante 30 segundos. O excesso de líquido foi drenado e as vagens foram deixadas a secar à sombra. As vagens de grama-vermelha tratadas foram transferidas para um tabuleiro multi-cavidades limpo. Os terceiros instares foram libertados @ uma larva/cavidade e mantidos nas condições normais de criação para observação. As vagens tratadas apenas com água foram oferecidas como controlo. Cada tratamento foi repetido quatro vezes e foram mantidas 10 larvas em cada repetição. A mortalidade foi registada às 12, 24 e 48 horas após o tratamento.

Com base nos valores LC_{50} de Emamectin 5 WG, Emamectin 5 SG e Chlorantraniliprole 18.5 SC, foi calculada a toxicidade relativa.

$$\text{Relative Toxicity (RT)} = \frac{LC_{50} \text{ value of check insecticide}}{LC_{50} \text{ value of test insecticide}}$$

4.4. Toxicidade persistente do benzoato de emamectina 5 WG em plantas de grama-vermelha

As soluções inseticidas foram preparadas dissolvendo Emamectin 5 WG @ 0.20, 0.25 e 0.30 g, Emamectin 5 SG @ 0.44 g, Lufenuron 5 EC @ 1.20 ml, Spinosad 45 SC @ 0.25 ml, Chlorantraniliprole 18.5 SC @ 0.30 ml em um litro de água, o que equivale às doses de campo. Plantas de salicórnia em vasos (Cv. CO 6) foram pulverizadas com os insecticidas nas respectivas concentrações 120 dias após o dibbling, utilizando um pulverizador manual até ao ponto de escorrimento. As vagens tratadas de grama-vermelha, colhidas 1, 3, 5, 7, 9, 11, 13, 15, 17, 19 e 21 dias após o tratamento, foram transferidas para um tabuleiro limpo com várias cavidades. O terceiro instar de *H. armigera* criado em laboratório foi libertado @ uma larva/cavidade e mantido nas condições normais de criação para observação. Cada tratamento foi repetido três vezes e foram mantidas 10 larvas em cada repetição. As observações da mortalidade foram efectuadas com um intervalo de 24 horas até se observar zero por cento de mortalidade ou a pupação das larvas (placa 5).

Toxicidade de persistência = Toxicidade residual média x Período de persistência da toxicidade (dias)

O número de dias durante os quais a toxicidade persistiu foi registado como "P". A média da percentagem de mortalidade constituiu a toxicidade residual "T". Foi calculado o produto de "P" x "T". Com base no valor de "PT", foi calculada a ordem de eficácia relativa (ORE). Neste caso, quanto maior for o valor de "PT", melhor será o tratamento. O procedimento de Saini (1959) e elaborado por Sarup *et al.* (1970) foi adotado para calcular a toxicidade persistente.

Placa 5. Toxicidade persistente de Emamectin 5 WG contra *Helicoverpa armigera* em grama vermelha

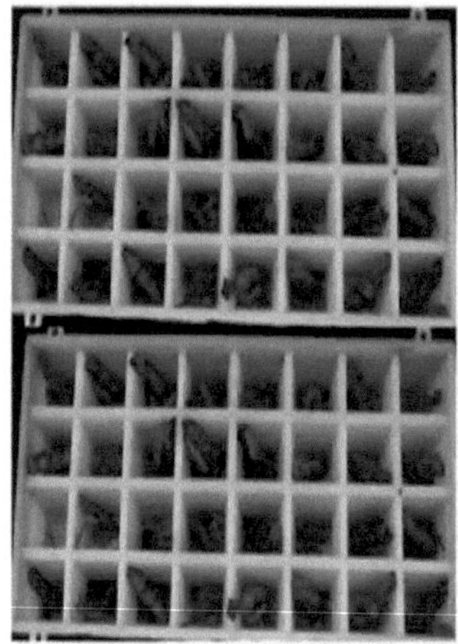

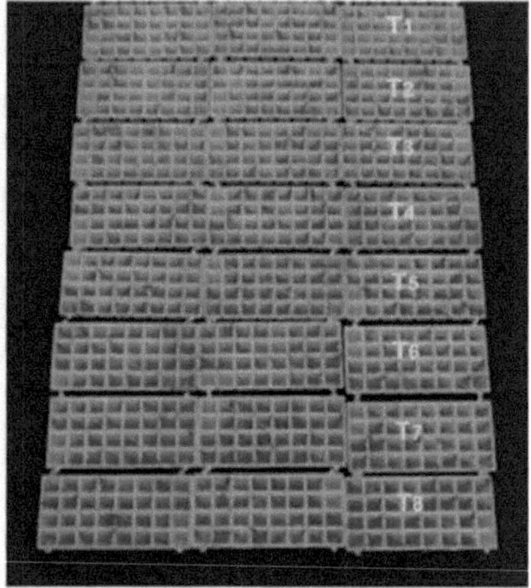

Cultura em vaso Redgram

4.5. Toxicidade do benzoato de emamectina 5 WG em inimigos naturais

Foi realizada uma experiência laboratorial para avaliar a toxicidade do Emamectin 5 WG para o parasitoide de ovos, *T. chilonis* e o crisopídeo verde, *C. zastrowi sillemi.* Emamectin 5 WG @ 100, 125, e 150 g/ha; Emamectin 5 SG @ 220 g/ha; Lufenuron 5 EC @ 600 ml/ha; Spinosad 45 SC @ 125 ml/ha; Chlorantraniliprole 18.5 SC @ 150 ml/ha e controlo não tratado, para obter diferentes doses, 0.2, 0.25, e 0.3 g de Emamectin 5 WG; 0.44 g de Emamectin 5 SG; 1,2 ml de Lufenuron 5 EC; 0,25 ml de Spinosad

45 SC e 0,3 ml de Chlorantraniliprole 18,5 SC foram dissolvidos em um litro de água destilada, o que equivale às doses de campo e essas diluições foram usadas para experimentos de toxicidade.

4.5.1. Toxicidade do benzoato de emamectina 5 WG nos estádios imaturos de *T. chilonis*

O método de bioensaio descrito por Jalali e Singh (1997) foi adotado com modificações. Os ovos de *C. cephalonica* foram colados em cartões de papel de 21x30 cm com 30 rectângulos de 7 x 2 cm. Estas cartelas de ovos foram colocadas em sacos de plástico juntamente com a cartela de núcleos na proporção de 6:1 para a parasitização. Os cartões de ovos parasitados foram cortados em pedaços de um cm^2 e, para tratar a fase de ovo, cem por cento dos ovos parasitados com um dia de idade foram pulverizados com diferentes concentrações de insecticidas usando um atomizador, como mencionado em 4.5. Para o controlo sem tratamento, foi pulverizada água destilada. As cartelas de ovos tratados foram secas à sombra durante 10-15 minutos e depois cada uma foi transferida para um tubo de ensaio separado de 10 x 1,5 cm. Cada tratamento foi repetido três vezes. Da mesma forma, foram tratadas as fases larvar (3 dias de idade) e pupal (7 dias de idade) de *T. chilonis*. O número de ovos que se tornaram pretos foi registado em todos os tratamentos. Em cada tratamento, a emergência de parasitóides adultos foi registada através da contagem dos ovos pretos com orifícios de saída e a percentagem de emergência de adultos foi calculada utilizando a fórmula abaixo indicada.

$$\text{Parasitoid emergence (\%)} = \frac{\text{No. of wasps emerged}}{\text{Total no. of eggs in 1 cm}^2} \times 100$$

Os ovos frescos foram fornecidos a estes parasitóides numa proporção de 6:1 e o número de ovos parasitados foi registado após 24 e 48 horas de tratamento e a percentagem de parasitismo foi calculada utilizando a fórmula abaixo indicada.

$$\text{Parasitisation (\%)} = \frac{\text{No. of parasitized eggs}}{\text{Total no. of } \textit{Corcyra} \text{ eggs}} \times 100$$

Os insecticidas foram classificados de acordo com as recomendações do grupo de trabalho da Organização Internacional para o Controlo Biológico, Secção Regional do Paleártico Ocidental (IOBC/WPRS) (Nasreen *et al.*, 2007) como inofensivos (< 50% de mortalidade), ligeiramente nocivos (50 - 79% de mortalidade), moderadamente nocivos (80 - 89% de mortalidade) e nocivos (> 90% de mortalidade) quando testados na dose recomendada no terreno.

4.5.2. Toxicidade do benzoato de emamectina 5 WG em *C. zastrowi sillemi*

4.5.2.1. Toxicidade do benzoato de emamectina 5WG em ovos de *C. zastrowi sillemi*

Foram efectuados estudos laboratoriais para avaliar o efeito do Emamectin 5 WG nos ovos de C.

zastrowi sillemi, de acordo com o método descrito por Krishnamoorthy (1985). Os ovos, juntamente com o pedúnculo recolhido em tiras de papel castanho, foram pulverizados com diferentes concentrações dos insecticidas mencionados no ponto 4.5. Cada tratamento foi repetido três vezes com 30 ovos por tratamento (placa 6). O controlo sem tratamento foi mantido através da pulverização de água destilada. O número de larvas que eclodiram em cada tratamento foi registado e a percentagem de eclosão foi calculada utilizando a fórmula abaixo indicada.

$$\text{Hatchability (\%)} = \frac{\text{No. of grubs hatched}}{\text{Total number of eggs}} \times 100$$

4.5.2.2. Toxicidade do benzoato de emamectina 5 WG em larvas de *C. zastrowi sillemi*

a. Método de contaminação dos alimentos

Os ovos de *C. cephalonica* irradiados com UV foram pulverizados com 10 ml de diferentes concentrações do inseticida com um atomizador, como referido no ponto 4.5. Os ovos tratados foram secos à sombra durante 15 minutos e depois transferidos para tubos de ensaio (tubo de ensaio de 1 cc^{-1}) de 2,0 x 15 cm. Os ovos pulverizados com água destilada foram considerados como controlo. O segundo instar de *C. zastrowi sillemi* foi transferido para estes tubos de ensaio a 10/tubo. Após um dia de alimentação, as larvas foram alimentadas com ovos *de Corcyra* não tratados até à pupação. Os tratamentos foram repetidos três vezes. Foram efectuadas observações sobre a mortalidade das larvas (12, 24 e 48 horas após o tratamento), a percentagem de pupas e a emergência de adultos (placa 6).

b. Método da película seca

Seguiu-se o método de bioensaio descrito por McCutchen e Plapp (1988), no qual as paredes de frascos de vidro de 20 ml de capacidade e 1 mm de espessura foram uniformemente revestidas com 1 ml de formulações insecticidas dissolvidas em acetona, tal como referido no ponto 4.5, rodando os frascos e secando-os à sombra para remover o excesso de acetona. Os insectos do segundo instar, previamente estaminados, foram libertados para os frascos a 10/vial, protegidos com um pano de musselina.

Placa 6. Toxicidade da Emamectina 5 WG em *Chrysoperla zastrowi sillemii*
a. Toxicidade para os ovos

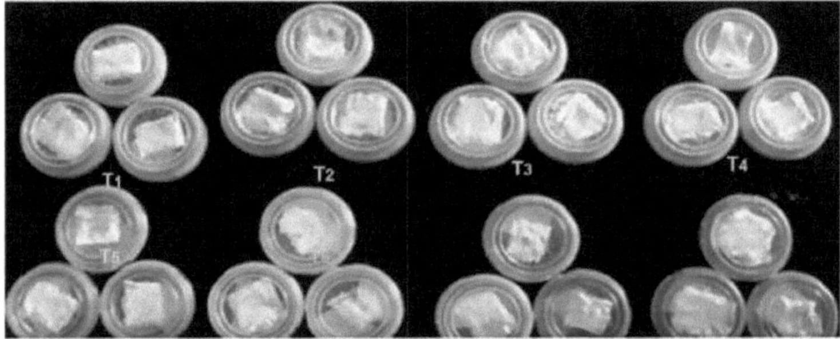

b. Toxicidade para as larvas

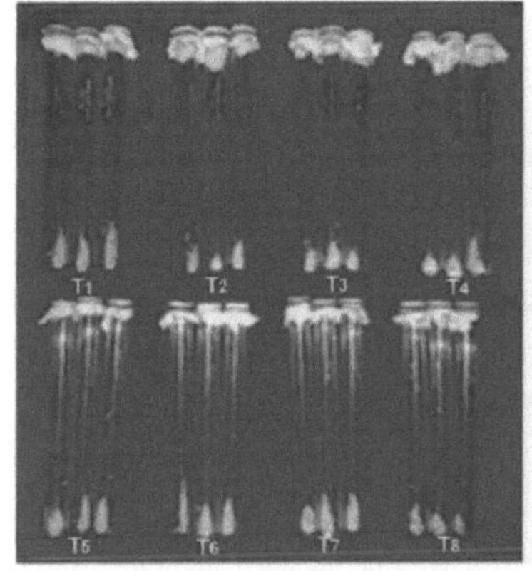

Método de contaminação dos alimentos

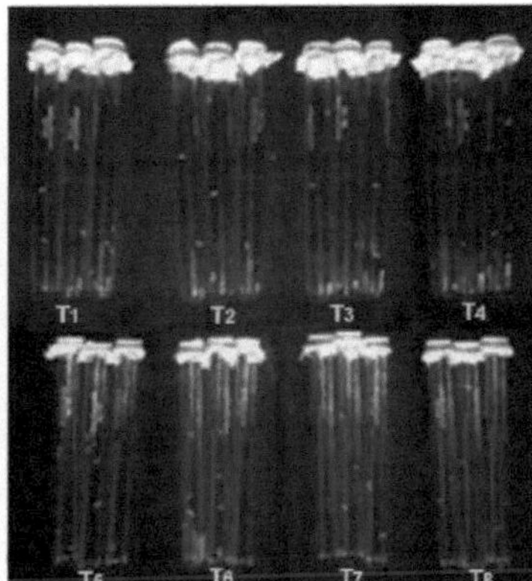

Método da película seca

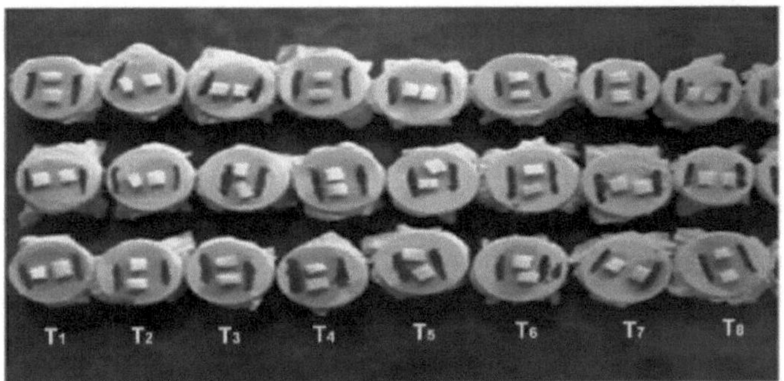

c. Toxicidade para adultos

Os frascos tratados com acetona foram considerados como controlo. Cada tratamento foi repetido três vezes. A percentagem de mortalidade das larvas (12, 24 e 48 horas após o tratamento), a pupação (%) e a emergência de adultos (%) também foram calculadas.

4.5.2.3. Toxicidade do benzoato de emamectina 5 WG em adultos de *C. zastrowi sillemi*

Cinco pares de adultos de *Chrysoperla* recém-emergidos, colocados num recipiente de plástico, foram alimentados com uma solução de sacarose a 10 por cento contendo diferentes concentrações de formulações de Emamectina 5 WG. No controlo sem tratamento, os adultos foram alimentados apenas com uma solução de sacarose a 10 por cento. Cada tratamento foi repetido três vezes. Os ovos postos em cada tratamento foram recolhidos diariamente, envolvendo uma folha de papel castanho de 21 x 6 cm ao longo do lado interior do recipiente de plástico. Foram efectuadas observações sobre a longevidade e a fecundidade dos adultos (placa 6).

4.5.3. Toxicidade do benzoato de emamectina 5 WG para as abelhas

Foi efectuada uma experiência laboratorial para avaliar a toxicidade da Emamectina 5 WG para as operárias da abelha indiana, *Apis cerana indica*, e da abelha italiana, *Apis mellifera*. As abelhas foram mantidas no frigorífico antes do ensaio para as acalmar e para facilitar a transferência. O efeito do Emamectin 5 WG nas abelhas foi avaliado pelo método de toxicidade por contacto. Foram preparadas várias concentrações de Emamectin 5 WG, como referido no ponto 4.5, utilizando acetona. Foram utilizados recipientes de plástico com perfurações para permitir um arejamento adequado às abelhas. Colocaram-se papéis de filtro no interior do recipiente, que foram depois humedecidos com um ml de diferentes concentrações dos produtos químicos e deixados a secar. As abelhas foram transferidas numa proporção de 10 por recipiente. Após uma hora de exposição, as abelhas foram alimentadas com uma solução de sacarose a 40% embebida em algodão (Suganyakanna, 2006). O controlo sem tratamento também foi mantido, confinando as abelhas operárias não expostas ao inseticida, fornecendo apenas uma solução de açúcar para alimentação. Cada tratamento foi repetido três vezes. A mortalidade das abelhas foi observada após 6, 12 e 24 horas de tratamento e a percentagem de mortalidade foi calculada.

4.5.4. Toxicidade do benzoato de emamectina 5 WG em vermes terrestres *E. eugeniae*

O efeito do Emamectin 5 WG na minhoca *E. eugeniae* foi testado separadamente, seguindo o método de ensaio em solo artificial proposto pelo Biollogische Bundesanstalt fur Land-und Forst Wirsts chaft, Braunschweig (BBA), tal como referido por Ganeshkumar (2000). Um kg de solo condicionado em vasos tubulares (18 x 6 cm) foi tratado com os insecticidas mencionados no ponto 4.5. Um total de 15 minhocas foram lavadas em água limpa e colocadas no topo do substrato. Os vasos tubulares foram cobertos com uma tampa de polietileno perfurada para impedir que as minhocas rastejassem para fora e para evitar a evaporação. A instalação foi mantida à sombra. O número de minhocas mortas e vivas foi contado após 7 e 14 DAT e a percentagem de mortalidade foi calculada. As minhocas foram consideradas mortas se não respondessem a um estímulo mecânico suave (Edwards e Bohlen, 1992). O controlo sem tratamento foi mantido durante toda a experiência.

4.6. Análise estatística

Os dados relativos à percentagem e à população foram transformados em valores de arco-seno e raiz quadrada, respetivamente, antes da análise estatística. Os dados obtidos em experiências laboratoriais e de cultura em vaso foram analisados num desenho completamente aleatório, enquanto os mesmos dados das experiências de campo foram analisados num desenho de blocos aleatórios (Gomez e Gomez, 1984). Os valores de diferença crítica foram calculados a um nível de probabilidade de cinco por cento e os valores médios dos tratamentos foram separados utilizando o teste de intervalo múltiplo de Duncan (Duncan, 1951). A redução percentual corrigida da população de campo em relação ao controlo não tratado foi calculada pela fórmula de Henderson e Tilton (1955),

$$\text{Corrected per cent reduction} = 1 - \left[\frac{T_a \times C_b}{T_b \times C_a}\right] x\ 100$$

Onde,

T_a - número de insectos no tratamento após a pulverização

T_b - número de insectos no tratamento antes da pulverização

C_a - número de insectos no controlo não tratado após a pulverização

C_b - número de insectos no controlo não tratado antes da pulverização

A percentagem de mortalidade em estudos laboratoriais foi corrigida utilizando a fórmula de Abbot (Abbot, 1925),

$$\text{Per cent corrected mortality} = \frac{\text{Per cent test mortality} - \text{per cent control mortality}}{100 - \text{per cent control mortality}} x\,100$$

A análise de Probit foi utilizada para calcular a toxicidade aguda dos insecticidas testados e de controlo (Finney, 1971).

CAPÍTULO IV
RESULTADOS EXPERIMENTAIS

Neste capítulo são apresentados os resultados das experiências de campo sobre a bioeficácia do benzoato de emamectina 5 WG contra o complexo da broca da vagem do grama-vermelha e os seus inimigos naturais e a fitotoxicidade no grama-vermelha; e as experiências de laboratório sobre a toxicidade aguda, a persistência e a segurança para organismos não visados.

A. Experiências no terreno

4.1. Bioeficácia do benzoato de emamectina 5 WG contra o complexo de brocas das vagens do grama-vermelha (época I: 12 de agosto a 13 de janeiro)

4.1.1. População de *H. armigera*

A pré-contagem da população de larvas de *H. armigera* variou de 30,67 a 32,67 nos./10 plantas. A população média de *H. armigera* foi mais baixa no Emamectin 5 WG @ 150 g/ha (5,37 nos./10 plantas) com uma redução em relação ao controlo de 85,61 por cento e foi igual ao Emamectin 5 WG @ 125 g/ha (5.81 nos./10 plantas; 84,26%) seguido por Emamectin 5 WG @ 100 g/ha (6,52 nos./10 plantas; 82,15%) e Emamectin 5 SG @ 220 g/ha (7,52 nos./10 plantas; 80,06%) em comparação com o controlo (38,11 nos./10 plantas). Chlorantraniliprole 18.5 SC @ 150, spinosad 45 SC @ 125 e lufenuron 5 EC @ 600 ml/ha tiveram eficácia moderada com população de 9,00 nos./10 plantas (76,63%), 9,37 nos./10 plantas (75,07%) e 9,70 nos./10 plantas (74,89%), respetivamente (Tabela 3).

A população de *H. armigera* foi a mais baixa no Emamectin 5 WG @ 150 g/ha aos 3, 7 e 10 dias após a primeira pulverização (6.00, 5.00 e 6.67 nos./10 plantas), que foi igual ao Emamectin 5 WG @ 125 g/ha (6.33, 5.67 e 7.33 nos./10 plantas), seguido por Emamectin 5 WG @ 100 g/ha (7.00, 6.33 e 7.67 nos./10 plantas) e Emamectin 5 SG @ 220 g/ha (8.00, 7.33 e 8.67 nos./10 plantas) (Tabela 3). Chlorantraniliprole 18.5 SC @ 150 ml/ha (9.33, 8.00 e 9.67 nos./10 plantas), spinosad 45 SC @ 125 ml/ha (9.67, 8.33 e 10.00 nos./10 plantas) e lufenuron 5 EC @ 600 ml/ha (10.00, 8.67 e 10.33 nos./10 plantas) foram os próximos melhores no controle da população de *H. armigera* aos 3, 7 e 10 dias após a primeira pulverização.

Emamectina 5 WG @ 150 g/ha foi eficaz, resultando na menor população de *H. armigera* de 5,67, 4,67 e 6,00 nos./10 plantas em 3, 7 e 10 dias após a segunda pulverização, respetivamente, que foi a par com Emamectina 5 WG @ 125 g/ha (6,00, 5.00 e 6.33 nos./10 plantas), seguido por Emamectin 5 WG @ 100 g/ha (6.33, 6.00 e 7.00 nos./10 plantas) e Emamectin 5 SG @ 220 g/ha (7.67, 7.00 e 8.00 nos./10 plantas) em comparação com o controlo sem tratamento (37.33, 39.00 e 40.67 nos./10 plantas). Os tratamentos acima foram significativamente diferentes de chlorantraniliprole 18.5 SC @ 150 ml/ha (9.00, 8.67 e 10.00 nos./10 plantas), spinosad 45 SC @ 125 ml/ha (9.67, 9.00 e 10.33 nos./10 plantas) e lufenuron 5 EC @ 600 ml/ha (10.00, 9.33 e 10.67 nos./10 plantas) que foram iguais entre si (Tabela 3).

Aos 3, 7 e 10 dias após a terceira pulverização, o Emamectin 5 WG @ 150 g/ha foi eficaz na redução da população de *H. armigera* (5.00, 4.00 e 5.33 nos./10 plantas), o que foi igual ao Emamectin 5 WG @ 125 g/ha (Tabela 3), seguido pelo Emamectin 5 WG @ 100 g/ha e Emamectin 5 SG @ 220 g/ha. A eficácia do clorantraniliprole, do espinosade e do lufenurão foi moderada.

4.1.2. População de *M. vitrata*

A população de *M. vitrata* antes da aplicação dos tratamentos variou de 23,33 a 25,33 nos./10 plantas. A população média de *M. vitrata* foi mínima no Emamectin 5 WG @ 150 g/ha (4,19 nos./10 plantas) com uma redução sobre o controlo de 86,77 por cento (Quadro 4), que foi igual ao Emamectin 5 WG @ 125 g/ha (4,52 nos./10 plantas; 85,00%). Emamectina 5 WG @ 100 g/ha registou uma população larvar de 5,33 nos./10 plantas, seguida de Emamectina 5 SG @ 220 g/ha (6,37 nos./10 plantas), clorantraniliprole 18,5 SC @ 150 ml/ha (7.30 nos./10 plantas), spinosad 45 SC @ 125 ml/ha (7.63 nos./10 plantas) e lufenuron 5 EC @ 600 ml/ha (7.96 nos./10 plantas), contra 30.85 nos./10 plantas no controlo não tratado.

A população de *M. vitrata* foi a mais baixa no Emamectin 5 WG @ 150 g/ha aos 3, 7 e 10 dias após a primeira pulverização (4,67, 4,33 e 5,00 nos./10 plantas), que foi igual ao Emamectin 5 WG @ 125 g/ha (5,00, 4,67 e 5,33 nos./10 plantas) (Tabela 4). Emamectina 5 WG @ 100 g/ha (5,67, 5,33 e 6,00 nos./10 plantas), Emamectina 5 SG @ 220 g/ha (6,67, 6,33 e 7,00 nos./10 plantas), clorantraniliprole 18,5 SC @ 150 ml/ha (7,67, 7,00 e 8,00 nos./10 plantas), spinosad 45 SC @ 125 ml/ha (8.00, 7.33 e 8.33 nos./10 plantas), e lufenuron 5 EC @ 600 ml/ha (8.33, 7.67 e 8.67 nos./10 plantas) foram os próximos tratamentos eficazes, em comparação com o controlo (25.67, 27.00, 28.33 nos./10 plantas).

Emamectin 5 WG @ 150, 125 e 100 g/ha registou a menor população de *M.vitrata* de 4.33, 3.67 e 4.67 nos./10 plantas, 4.67, 4.00 e 5.00 nos./10 plantas e 5.00, 4.67 e 5.67 nos./10 plantas em 3, 7 e 10 dias após a segunda pulverização, respetivamente, seguido por Emamectin 5 SG @ 220 g/ha, chlorantraniliprole 18.5 SC @ 150 ml/ha, spinosad 45 SC @ 125 ml/ha e lufenuron 5 EC @ 600 ml/ha (Tabela 4). A população de *M. vitrata* em Emamectin 5 WG @ 150 g/ha (4.00, 3.33 31

Tabela 3. População de *H. armigera* em grama vermelha, aplicada com várias doses de Emamectin 5 WG (I temporada - 12 de agosto a 13 de janeiro)

Treatments	Dose g/ml/ha	Pre – count Nos./ 10 plants	Post-treatment population of *H. armigera* (Nos./10 plants)* Days after treatment (DAT)									Mean	% Reduction over control
			1st spray			2st spray			3rd spray				
			3	7	10	3	7	10	3	7	10		
Emamectin benzoate 5 WG	100 g	30.67	7.00 (2.64)^{b}	6.33 (2.51)^{b}	7.67 (2.77)^{b}	6.33 (2.51)^{b}	6.00 (2.45)^{b}	7.00 (2.64)^{b}	6.33 (2.51)^{b}	5.67 (2.38)^{b}	6.33 (2.51)^{b}	6.52 (2.55)^{b}	82.15
Emamectin benzoate 5 WG	125 g	31.00	6.33 (2.51)^{ab}	5.67 (2.38)^{ab}	7.33 (2.71)^{ab}	6.00 (2.45)^{a}	5.00 (2.23)^{a}	6.33 (2.51)^{ab}	5.33 (2.31)^{a}	4.67 (2.16)^{a}	5.67 (2.38)^{a}	5.81 (2.41)^{ab}	84.26
Emamectin benzoate 5 WG	150 g	31.33	6.00 (2.45)^{a}	5.00 (2.23)^{a}	6.67 (2.58)^{a}	5.67 (2.38)^{a}	4.67 (2.16)^{a}	6.00 (2.45)^{a}	5.00 (2.23)^{a}	4.00 (2.00)^{a}	5.33 (2.31)^{a}	5.37 (2.32)^{a}	85.61
Emamectin benzoate 5 SG	220 g	31.67	8.00 (2.83)^{c}	7.33 (2.71)^{c}	8.67 (2.94)^{c}	7.67 (2.77)^{c}	7.00 (2.64)^{c}	8.00 (2.83)^{c}	7.33 (2.71)^{c}	6.67 (2.58)^{c}	7.00 (2.64)^{c}	7.52 (2.74)^{c}	80.06
Lufenuron 5 EC	600 ml	32.67	10.00 (3.16)^{d}	8.67 (2.94)^{d}	10.33 (3.21)^{d}	10.00 (3.16)^{d}	9.33 (3.05)^{d}	10.67 (3.27)^{d}	9.67 (3.11)^{d}	8.67 (2.94)^{d}	10.00 (3.16)^{d}	9.70 (3.11)^{d}	74.89
Spinosad 45 SC	125 ml	31.33	9.67 (3.11)^{d}	8.33 (2.89)^{d}	10.00 (3.16)^{d}	9.67 (3.11)^{d}	9.00 (3.00)^{d}	10.33 (3.21)^{d}	9.33 (3.05)^{d}	8.33 (2.89)^{d}	9.67 (3.11)^{d}	9.37 (3.06)^{d}	75.07
Chlorantraniliprole 18.5 SC	150 ml	32.33	9.33 (3.05)^{d}	8.00 (2.83)^{cd}	9.67 (3.11)^{d}	9.00 (3.00)^{d}	8.67 (2.94)^{d}	10.00 (3.16)^{d}	9.00 (3.00)^{d}	8.00 (2.83)^{d}	9.33 (3.05)^{d}	9.00 (3.00)^{d}	76.63
Untreated check	--	32.00	33.33 (5.77)^{e}	35.00 (5.92)^{e}	36.67 (6.06)^{e}	37.33 (6.11)^{e}	39.00 (6.24)^{e}	40.67 (6.38)^{e}	39.67 (6.30)^{e}	40.33 (6.35)^{e}	41.00 (6.40)^{e}	38.11 (6.17)^{e}	-
SEd		NS	0.0730	0.0723	0.0644	0.0689	0.0735	0.0722	0.0716	0.0772	0.0703	0.0755	-
CD (0.05)		NS	0.1566	0.1551	0.1382	0.1478	0.1577	0.1548	0.1537	0.1656	0.1508	0.1619	-

*Mean of three replications

Os números entre parênteses são valores transformados em raiz quadrada
Numa coluna, as médias seguidas da(s) mesma(s) letra(s) não são significativamente diferentes entre si por DMRT (P=0,05)

Tabela 4. População de *M. vitrata* em grama vermelha, aplicada com várias doses de Emamectin 5 WG (I temporada - 12 de agosto a 13 de janeiro)

Treatments	Dose g/ml/ha	Pre – count Nos./ 10 plants	Post-treatment population of *M. vitrata* (Nos./10 plants)* Days after treatment (DAT)									Mean	% Reduction over control
			1st spray			2st spray			3rd spray				
			3	7	10	3	7	10	3	7	10		
Emamectin benzoate 5 WG	100 g	23.33	5.67 (2.38)^{b}	5.33 (2.31)^{b}	6.00 (2.45)^{b}	5.00 (2.23)^{b}	4.67 (2.16)^{b}	5.67 (2.38)^{b}	5.33 (2.31)^{b}	5.00 (2.23)^{b}	5.33 (2.31)^{b}	5.33 (2.31)^{b}	81.73
Emamectin benzoate 5 WG	125 g	24.00	5.00 (2.23)^{ab}	4.67 (2.16)^{ab}	5.33 (2.31)^{ab}	4.67 (2.16)^{a}	4.00 (2.00)^{a}	5.00 (2.23)^{ab}	4.33 (2.08)^{a}	3.67 (1.91)^{a}	4.00 (2.00)^{a}	4.52 (2.12)^{a}	85.00
Emamectin benzoate 5 WG	150 g	25.33	4.67 (2.16)^{a}	4.33 (2.08)^{a}	5.00 (2.23)^{a}	4.33 (2.08)^{a}	3.67 (1.91)^{a}	4.67 (2.16)^{a}	4.00 (2.00)^{a}	3.33 (1.82)^{a}	3.67 (1.91)^{a}	4.19 (2.04)^{a}	86.77
Emamectin benzoate 5 SG	220 g	23.67	6.67 (2.58)^{c}	6.33 (2.51)^{c}	7.00 (2.64)^{c}	6.00 (2.45)^{c}	5.33 (2.31)^{c}	6.67 (2.58)^{c}	6.33 (2.51)^{c}	6.00 (2.45)^{c}	7.00 (2.64)^{c}	6.37 (2.52)^{c}	79.03
Lufenuron 5 EC	600 ml	24.33	8.33 (2.89)^{d}	7.67 (2.77)^{d}	8.67 (2.94)^{d}	8.00 (2.83)^{d}	7.33 (2.71)^{d}	8.33 (2.89)^{d}	7.67 (2.77)^{d}	7.33 (2.71)^{d}	8.33 (2.89)^{d}	7.96 (2.82)^{d}	73.84
Spinosad 45 SC	125 ml	23.67	8.00 (2.83)^{d}	7.33 (2.71)^{d}	8.33 (2.89)^{d}	7.67 (2.77)^{d}	7.00 (2.64)^{d}	8.00 (2.83)^{d}	7.33 (2.71)^{d}	7.00 (2.64)^{d}	8.00 (2.83)^{d}	7.63 (2.76)^{d}	74.22
Chlorantraniliprole 18.5 SC	150 ml	23.33	7.67 (2.77)^{d}	7.00 (2.64)^{cd}	8.00 (2.83)^{d}	7.33 (2.71)^{d}	6.67 (2.58)^{d}	7.67 (2.77)^{d}	7.00 (2.64)^{cd}	6.67 (2.58)^{cd}	7.67 (2.77)^{cd}	7.30 (2.70)^{d}	75.78
Untreated check	--	24.67	25.67 (5.07)^{e}	27.00 (5.20)^{e}	28.33 (5.32)^{e}	29.67 (5.45)^{e}	31.00 (5.57)^{e}	32.33 (5.69)^{e}	33.67 (5.80)^{e}	34.33 (5.86)^{e}	35.67 (5.97)^{e}	30.85 (5.55)^{e}	-
SEd		NS	0.0815	0.0783	0.0731	0.0780	0.0830	0.0812	0.0796	0.0846	0.0798	0.0783	-
CD (0.05)		NS	0.1747	0.1679	0.1568	0.1672	0.1780	0.1741	0.1708	0.1814	0.1712	0.1680	-

*Mean of three replications

Os números entre parênteses são valores transformados em raiz quadrada
Numa coluna, as médias seguidas da(s) mesma(s) letra(s) não são significativamente diferentes entre si por DMRT (P=0,05)

e 3,67 nos./10 plantas) registou o mínimo aos 3, 7 e 10 dias após a terceira pulverização e foi igual ao Emamectin 5 WG @ 125 g/ha (4,33, 3,67 e 4,00 nos./10 plantas), seguido por Emamectin 5 WG @ 100 g/ha (5.33, 5.00 e 5.33 nos./10 plantas) e Emamectin 5 SG @ 220 g/ha (6.33, 6.00 e 7.00 nos./10 plantas), em comparação com o controlo (33.67, 34.33 e 35.67 nos./10 plantas). O produto químico padrão, chlorantraniliprole 18.5 SC @ 150 ml/ha (7.00, 6.67 e 7.67 nos./10 plantas), spinosad 45 SC @ 125 ml/ha (7.33, 7.00 e 8.00 nos./10 plantas) e lufenuron 5 EC @ 600 ml/ha (7.67, 7.33 e 8.33 nos./10 plantas) foram os próximos melhores no manejo da população de *M. vitrata* e estavam em pé de igualdade entre si (Tabela 4).

4.1.3. População de *E. zinckenella*

A população de *E. zinckenella* antes do tratamento variou de 21,00 a 23,33 nos./10 plantas. A população média de *E. zinckenella* foi a mais baixa no Emamectin 5 WG @ 150 g/ha (3,89 nos./10 plantas) com uma redução em relação ao controlo de 86,90 por cento (Quadro 5), que foi igual ao Emamectin 5 WG @ 125 g/ha (4.26 nos./10 plantas; 85,71%), seguido por Emamectin 5 WG @ 100 g/ha (5,14 nos./10 plantas; 81,67%) e Emamectin 5 WG @ 220 g/ha (5,85 nos./10 plantas; 79,45%). O próximo melhor foi o clorantraniliprole 18,5 SC @ 150 ml/ha (6,74 nos./10 plantas; 77,38%) e o spinosad 45 SC @ 125 ml/ha (7,26 nos./10 plantas; 76,31%) foram iguais entre si, seguidos pelo lufenuron 5 EC @ 600 ml/ha com uma redução da população larvar de 72,32 por cento.

O Emamectin 5 WG @ 150 g/ha foi eficaz, resultando na menor população de *E. zinckenella* de 4,33, 4,00 e 4,67 nos./10 plantas aos 3, 7 e 10 dias após a primeira pulverização, respetivamente, que foi igual ao Emamectin 5 WG @ 125 g/ha (4.67, 4.33 e 5.00 nos./10 plantas), seguido por Emamectin 5 WG @ 100 g/ha (5.33, 5.00 e 6.00 nos./10 plantas) e Emamectin 5 SG @ 220 g/ha (6.00, 5.67 e 6.33 nos./10 plantas) (Tabela 5). Os tratamentos acima foram significativamente diferentes do clorantraniliprole 18.5 SC @ 150 ml/ha (6.67, 5.33 e 7.00 nos./10 plantas), spinosad 45 SC @ 125 ml/ha (7.33, 6.67 e 7.33 nos./10 plantas) e lufenuron 5 EC @ 600 ml/ha (8.33, 7.67 e 8.00 nos./10 plantas), em comparação com o controlo não tratado (25.00, 26.67 e 28.00 nos./10 plantas).

A população de *E. zinckenella* foi a mais baixa no Emamectin 5 WG @ 150 g/ha aos 3, 7 e 10 dias após a segunda pulverização (4,33, 3,67 e 4,00 nos./10 plantas), que foi igual ao Emamectin 5 WG @ 125 g/ha (4.67, 4.00 e 4.67 nos./10 plantas), seguido por Emamectin 5 WG @ 100 g/ha (5.67, 5.00 e 5.67 nos./10 plantas) e Emamectin 5 SG @ 220 g/ha (6.00, 5.33 e 6.67 nos./10 plantas) (Tabela 5). Chlorantraniliprole 18.5 SC @ 150 ml/ha (6.67, 6.33 e 7.67 nos./10 plantas), spinosad 45 SC @ 125 ml/ha (7.00, 6.67 e 8.00 nos./10 plantas) e lufenuron 5 EC @ 600 ml/ha (7.67, 7.33 e 8.67 nos./10 plantas) foram os próximos tratamentos eficazes, em comparação com o controlo (29.33, 30.67 e 31.67 nos./10 plantas).

Durante a terceira pulverização, Emamectin 5 WG @ 150 e 125 g/ha foram iguais em eficácia na redução da população de *E. zinckenella* e estavam em pé de igualdade, seguidos por Emamectin 5 WG @

100 g/ha, Emamectin 5 SG @ 220 g/ha, chlorantraniliprole 18.5 SC @ 150 ml/ha, spinosad 45 SC @ 125 ml/ha e lufenuron 5 EC @ 600 ml/ha (Tabela 5).

4.1.4. Danos causados pela broca da vagem

Os danos causados pelas brocas das vagens antes da aplicação dos tratamentos variaram de 31,97 a 34,28%. O dano médio das vagens foi o mais baixo no Emamectin 5 WG @ 150 g/ha (5,41%), com uma redução de 85,61% em relação ao controlo, e foi igual ao Emamectin 5 WG @ 125 g/ha (5,74%; 83,63%). O Emamectin 5 WG @ 100 g/ha registou um dano nas vagens de 6,43 por cento, seguido pelo Emamectin 5 SG @ 220 g/ha (7,19%), chlorantraniliprole 18,5 SC @ 150 ml/ha (8,31%), spinosad 45 SC @ 125 ml/ha (8,76%) e lufenuron 5 EC @ 600 ml/ha (9,32%), contra 30,36 por cento no controlo não tratado (Quadro 6).

O Emamectin 5 WG @ 150 g/ha foi significativamente superior ao registar os danos mais baixos nas vagens (7,18, 6,27 e 7,33%) e foi igual ao Emamectin 5 WG @ 125 g/ha (7,37, 6,45 e 7,68%), seguido pelo Emamectin 5 WG @ 100 g/ha (7,76, 6,92 e 8,22%) aos 3, 7 e 10 dias após a primeira pulverização (Quadro 6). Emamectina 5 SG @ 220 g/ha (8.24, 7.17 e 8.42%) e clorantraniliprole 18.5 SC @ 150 ml/ha (8.87, 8.44 e 9.07%) foram os próximos tratamentos eficazes, em comparação com o controlo (34.57, 34.85, 35.78%). Spinosad 45 SC @ 125 ml/ha (9.38, 8.95 e 9.27%) e lufenuron 5 EC @ 600 ml/ha (10.12, 9.40 e 10.34%) foram moderados na redução dos danos nas vagens após a primeira pulverização.

Os danos nas vagens foram baixos no Emamectin 5 WG @ 150 (5,58, 5,12 e 5,55%) e 125 g/ha (5,84, 5,33 e 6,11%) durante a segunda pulverização, que foram iguais entre si, seguidos pelo Emamectin 5 WG @ 100 g/ha (6,42, 6,10 e 6,88%) e Emamectin 5 SG @ 220 g/ha (7,04, 6,23 e 7,31%). O produto químico padrão, clorantraniliprole 18,5 SC @ 150 ml/ha (8,35, 8,03 e 8,44%), spinosad 45 SC @ 125 ml/ha (8,78, 8,32 e 9,11%) e lufenuron 5 EC @ 600 ml/ha (9,43, 9,12 e 9,87%) foram os próximos melhores na redução dos danos às vagens por brocas (Tabela 6).

Tabela 5. População de *E. zinckenella* em grama vermelha, aplicada com várias doses de Emamectin 5 WG (I temporada - 12 de agosto a 13 de janeiro)

Treatments	Dose g/ml/ ha	Pre – count Nos./ 10 plants	Post-treatment population of *E. zinckenella* (Nos./10 plants)* Days after treatment (DAT)									Mean	% Reduction over control
			1st spray			2st spray			3rd spray				
			3	7	10	3	7	10	3	7	10		
Emamectin benzoate 5 WG	100 g	21.33	5.33 (2.31)^{b}	5.00 (2.23)^{b}	6.00 (2.45)^{b}	5.67 (2.38)^{b}	5.00 (2.23)^{b}	5.67 (2.38)^{b}	4.67 (2.16)^{b}	4.33 (2.08)^{b}	4.67 (2.16)^{b}	5.14 (2.18)^{b}	81.67
Emamectin benzoate 5 WG	125 g	22.67	4.67 (2.16)^{a}	4.33 (2.08)^{a}	5.00 (2.23)^{a}	4.67 (2.16)^{a}	4.00 (2.00)^{a}	4.67 (2.16)^{a}	4.00 (2.00)^{a}	3.33 (1.82)^{a}	3.67 (1.91)^{a}	4.26 (2.04)^{a}	85.71
Emamectin benzoate 5 WG	150 g	21.00	4.33 (2.08)^{a}	4.00 (2.00)^{a}	4.67 (2.16)^{a}	4.33 (2.08)^{a}	3.67 (1.91)^{a}	4.00 (2.00)^{a}	3.33 (1.82)^{a}	3.00 (1.73)^{a}	3.67 (1.91)^{a}	3.89 (1.97)^{a}	86.90
Emamectin benzoate 5 SG	220 g	21.67	6.00 (2.45)^{c}	5.67 (2.38)^{c}	6.33 (2.51)^{c}	6.00 (2.45)^{c}	5.33 (2.31)^{c}	6.67 (2.58)^{c}	5.67 (2.38)^{c}	5.00 (2.23)^{c}	6.00 (2.45)^{c}	5.85 (2.42)^{c}	79.45
Lufenuron 5 EC	600 ml	22.00	8.33 (2.89)^{e}	7.67 (2.77)^{e}	8.00 (2.83)^{e}	7.67 (2.77)^{e}	7.33 (2.71)^{e}	8.67 (2.95)^{e}	8.33 (2.89)^{e}	7.67 (2.77)^{e}	8.33 (2.89)^{e}	8.00 (2.85)^{e}	72.32
Spinosad 45 SC	125 ml	23.33	7.33 (2.71)^{d}	6.67 (2.58)^{d}	7.33 (2.71)^{d}	7.00 (2.71)^{d}	6.67 (2.58)^{d}	8.00 (2.83)^{d}	7.67 (2.77)^{d}	7.00 (2.64)^{d}	7.67 (2.77)^{d}	7.26 (2.68)^{d}	76.31
Chlorantranilipro le 18.5 SC	150 ml	22.67	6.67 (2.58)^{d}	6.33 (2.51)^{d}	7.00 (2.64)^{d}	6.67 (2.58)^{d}	6.33 (2.51)^{d}	7.67 (2.77)^{d}	7.00 (2.64)^{d}	6.33 (2.51)^{d}	6.67 (2.58)^{d}	6.74 (2.60)^{d}	77.38
Untreated check	--	23.00	25.00 (5.00)^{f}	26.67 (5.16)^{f}	28.00 (5.29)^{f}	29.33 (5.42)^{f}	30.67 (5.54)^{f}	31.67 (5.63)^{f}	32.67 (5.72)^{f}	33.33 (5.77)^{f}	34.67 (5.89)^{f}	30.22 (5.50)^{f}	-
SEd		NS	0.0850	0.0818	0.0761	0.0784	0.0835	0.0831	0.0816	0.0893	0.0841	0.0808	-
CD (0.05)		NS	0.1824	0.1754	0.1632	0.1682	0.1792	0.1783	0.1751	0.1916	0.1805	0.1733	-

*Mean of three replications

Os números entre parênteses são valores transformados em raiz quadrada
Numa coluna, as médias seguidas da(s) mesma(s) letra(s) não são significativamente diferentes entre si por DMRT (P=0,05)

Tabela 6. Porcentagem de danos causados pela broca da vagem na grama vermelha, aplicada com várias doses de Emamectin 5 WG (I temporada - 12 de agosto a 13 de janeiro)

Treatments	Dose g/ml/ ha	Pre – count % pod damage	% pod damage by pod borers* Days after treatment (DAT)									Mean	% Reduction over control
			1st spray			2st spray			3rd spray				
			3	7	10	3	7	10	3	7	10		
Emamectin 5 WG	100 g	32.75	7.76 (16.17)^{b}	6.92 (15.24)^{b}	8.22 (16.66)^{b}	6.42 (14.67)^{b}	6.10 (14.29)^{b}	6.88 (15.20)^{b}	5.34 (13.35)^{b}	4.72 (12.54)^{b}	5.48 (13.52)^{b}	6.43 (14.68)^{b}	82.10
Emamectin 5 WG	125 g	31.97	7.37 (15.74)^{ab}	6.45 (14.71)^{ab}	7.68 (16.08)^{ab}	5.84 (13.97)^{ab}	5.33 (13.34)^{ab}	6.11 (14.30)^{ab}	4.82 (12.67)^{ab}	3.76 (11.16)^{a}	4.27 (11.91)^{a}	5.74 (13.85)^{ab}	83.63
Emamectin 5 WG	150 g	34.28	7.18 (15.54)^{a}	6.27 (14.49)^{a}	7.33 (15.70)^{a}	5.58 (13.66)^{a}	5.12 (13.07)^{a}	5.55 (13.62)^{a}	4.17 (11.77)^{a}	3.50 (10.76)^{a}	3.96 (11.46)^{a}	5.41 (13.44)^{a}	85.61
Emamectin 5 SG	220 g	33.87	8.24 (16.68)^{c}	7.17 (15.53)^{c}	8.42 (16.86)^{c}	7.04 (15.38)^{c}	6.23 (14.45)^{c}	7.31 (15.68)^{c}	6.86 (15.18)^{c}	6.51 (14.78)^{c}	6.95 (15.28)^{c}	7.19 (15.55)^{c}	80.65
Lufenuron 5 EC	600 ml	31.67	10.12 (18.55)^{e}	9.40 (17.85)^{e}	10.34 (18.76)^{e}	9.43 (17.88)^{e}	9.12 (17.57)^{e}	9.87 (18.31)^{e}	8.46 (16.91)^{d}	8.15 (16.58)^{d}	8.97 (17.42)^{d}	9.32 (17.77)^{e}	73.17
Spinosad 45 SC	125 ml	32.18	9.38 (17.83)^{d}	8.95 (17.40)^{d}	9.27 (17.72)^{d}	8.78 (17.23)^{de}	8.32 (16.76)^{d}	9.11 (17.56)^{de}	8.27 (16.71)^{d}	7.98 (16.41)^{d}	8.74 (17.19)^{d}	8.76 (17.21)^{de}	75.18
Chlorantranili prole18.5 SC	150 ml	34.21	8.87 (17.32)^{cd}	8.44 (16.88)^{cd}	9.07 (17.52)^{cd}	8.35 (16.79)^{d}	8.03 (16.45)^{d}	8.44 (16.88)^{d}	7.95 (16.37)^{d}	7.58 (15.98)^{d}	8.10 (16.53)^{d}	8.31 (16.75)^{d}	77.85
Untreated check	--	33.15	34.57 (36.01)^{f}	34.85 (36.18)^{f}	35.78 (36.74)^{f}	36.12 (36.94)^{f}	36.47 (37.15)^{f}	36.88 (37.39)^{f}	37.17 (37.57)^{e}	38.14 (38.14)^{e}	37.26 (37.62)^{e}	36.36 (37.09)^{f}	-
SEd		NS	0.4214	0.4091	0.3826	0.4183	0.4342	0.4482	0.4522	0.4848	0.4585	0.4207	-
CD (0.05)		NS	0.9039	0.8776	0.8206	0.8973	0.9314	0.9614	0.9699	1.0399	0.9836	0.9024	-

*Mean of three replications

Os valores entre parênteses são valores transformados em arco-seno
Numa coluna, as médias seguidas da(s) mesma(s) letra(s) não são significativamente diferentes entre si por DMRT (P=0,05)

Aos 3, 7 e 10 dias após a terceira pulverização, Emamectin 5 WG @ 150 e 125 g/ha foram igualmente eficazes em termos de eficácia, resultando em danos nas vagens de 4,17, 3,50 e 3,96% e 4,82, 3,76 e 4,27%, respetivamente. Emamectina 5 WG @ 100 g/ha (5,34, 4,72 e 5,48%) e Emamectina 5 SG @ 220 g/ha (6,86, 6,51 e 6,95%) foram os próximos tratamentos eficazes, em comparação com o controle (37,17, 38,14, 37,26%) (Tabela 6). Chlorantraniliprole 18.5 SC @ 150 ml/ha, spinosad 45 SC @ 125 ml/ha e lufenuron 5 EC @ 600 ml/ha tiveram eficácia moderada.

4.1.5. População de Coccinelídeos

A população de coccinelídeos antes da aplicação dos insecticidas variava entre 26,67 e 28,33 nos./10 plantas (quadro 7). Em todas as dosagens de Emamectin 5 WG, a população de coccinelídeos foi mais ou menos igual e a população média geral variou de 15,00 a 18,11 nos./10 plantas. O Emamectin 5 SG @ 220 g/ha e o spinosad 45 SC @ 125 ml/ha foram igualmente seguros para os coccinelídeos, registando 13,70 e 12,74 nos./10 plantas, respetivamente (Quadro 7). Chlorantraniliprole 18.5 SC @ 150 ml/ha e lufenuron 5 EC @ 600 ml/ha foram ligeiramente tóxicos para os coccinelídeos, registando a população média mais baixa de 12,19 e 11,48 nos./10 plantas, contra 31,30 nos./10 plantas no controlo.

4.1.6. População de aranhas

A população média de aranhas foi maior no controle não tratado (26,70 nos./10 plantas), seguido por Emamectin 5 WG @ 100 g/ha (16,67 nos./10 plantas), 125 g/ha (15,55 nos./10 plantas) e 150 g/ha (14,89 nos./10 plantas) (Tabela 8). Emamectin 5 SG @ 220 g/ha e spinosad 45 SC @ 125 ml/ha foram igualmente seguros para as aranhas, registando 14,44 e 13,22 nos./10 plantas, respetivamente, seguidos por lufenuron 5 EC @ 600 ml/ha (12,48 nos./10 plantas) e chlorantraniliprole 18,5 SC @ 150 ml/ha (11,96 nos./10 plantas).

4.1.7. Fitotoxicidade do benzoato de emamectina 5 WG para o redgrama

As plantas de grama vermelha pulverizadas com Emamectin 5 WG @ 150 e 300 ml ha^{-1} não apresentaram quaisquer sintomas de fitotoxicidade, *nomeadamente* lesões nas pontas das folhas, murchidão, clareamento das nervuras, necrose, epinastia e hiponastia 1, 3, 5, 7 e 10 dias após a pulverização (Quadro 9).

4.1.8. Rendimento das vagens

O rendimento máximo de vagens de grama vermelha foi obtido com Emamectina 5 WG @ 150 g/ha (9,67 q/ha), que foi igual ao Emamectina 5 WG @ 125 g/ha (9,40 q/ha), seguido por Emamectina 5 SG @

Tabela 7. População de coccinelídeos em grama vermelha, aplicada com várias doses de Emamectin 5 WG (I temporada - 12 de agosto a 13 de janeiro)

Treatments	Dose g/ml/ha	Pre – count Nos./ 10 plants	Post-treatment population of coccinellids (Nos./10 plants)* Days after treatment (DAT)									Mean
			1st spray			2st spray			3rd spray			
			3	7	10	3	7	10	3	7	10	
Emamectin benzoate 5 WG	100 g	27.33	16.33 (4.04)^{b}	15.33 (3.91)^{b}	18.00 (4.24)^{b}	17.00 (4.12)^{b}	16.33 (4.04)^{b}	20.33 (4.51)^{b}	19.33 (4.40)^{b}	18.33 (4.28)^{b}	22.00 (4.69)^{b}	18.11 (4.26)^{b}
Emamectin benzoate 5 WG	125 g	26.67	14.00 (3.74)^{c}	13.33 (3.65)^{c}	16.33 (4.04)^{c}	15.33 (3.91)^{c}	14.67 (3.83)^{c}	18.00 (4.24)^{c}	17.00 (4.12)^{c}	16.33 (4.04)^{c}	19.67 (4.43)^{c}	16.07 (4.01)^{c}
Emamectin benzoate 5 WG	150 g	28.00	13.33 (3.65)^{cd}	12.67 (3.56)^{cd}	15.00 (3.87)^{d}	14.33 (3.79)^{d}	13.67 (3.70)^{d}	17.33 (4.16)^{c}	16.33 (4.04)^{c}	15.00 (3.87)^{d}	17.33 (4.16)^{d}	15.00 (3.87)^{d}
Emamectin benzoate 5 SG	220 g	28.33	13.00 (3.61)^{d}	12.00 (3.46)^{de}	14.33 (3.79)^{d}	13.00 (3.61)^{e}	12.67 (3.56)^{e}	15.00 (3.87)^{d}	14.00 (3.74)^{d}	13.33 (3.65)^{e}	16.00 (4.00)^{e}	13.70 (3.70)^{e}
Lufenuron 5 EC	600 ml	27.33	11.00 (3.32)^{f}	10.00 (3.16)^{g}	12.33 (3.51)^{c}	11.67 (3.42)^{f}	11.00 (3.32)^{g}	12.67 (3.56)^{f}	11.67 (3.42)^{f}	11.00 (3.32)^{g}	12.00 (3.46)^{h}	11.48 (3.39)^{g}
Spinosad 45 SC	125 ml	28.00	12.00 (3.46)^{e}	11.33 (3.37)^{ef}	13.00 (3.61)^{c}	12.33 (3.51)^{ef}	12.00 (3.46)^{ef}	14.00 (3.74)^{c}	13.00 (3.61)^{c}	12.67 (3.56)^{ef}	14.33 (3.79)^{f}	12.74 (3.57)^{f}
Chlorantraniliprole 18.5 SC	150 ml	27.00	11.67 (3.42)^{ef}	11.00 (3.32)^{f}	12.67 (3.56)^{e}	12.00 (3.46)^{f}	11.67 (3.42)^{fg}	13.00 (3.61)^{f}	12.33 (3.51)^{ef}	12.00 (3.46)^{f}	13.33 (3.65)^{g}	12.19 (3.49)^{fg}
Untreated check	--	27.67	28.67 (5.35)^{a}	29.33 (5.42)^{a}	30.00 (5.48)^{a}	31.33 (5.60)^{a}	32.67 (5.72)^{a}	33.00 (5.74)^{a}	32.33 (5.69)^{a}	31.67 (5.63)^{a}	32.67 (5.72)^{a}	31.30 (5.59)^{a}
SEd		NS	0.0559	0.0542	0.0488	0.0501	0.0524	0.0509	0.0495	0.0494	0.0477	0.0507
CD (0.05)		NS	0.1199	0.1162	0.1046	0.1074	0.1123	0.1092	0.1062	0.1059	0.1024	0.1088

*Mean of three replications

Os valores entre parênteses são valores transformados em raiz quadrada
Numa coluna, as médias seguidas da(s) mesma(s) letra(s) não são significativamente diferentes entre si por DMRT (P=0,05)

Tabela 8. População de aranhas em redgrama, aplicado com várias doses de Emamectin 5 WG (I temporada - 12 de agosto a 13 de janeiro)

Treatments	Dose g/ml/ha	Pre –count Nos./ 10 plants	Post-treatment population of spiders (Nos./10 plants)* Days after treatment (DAT)									Mean
			1st spray			2st spray			3rd spray			
			3	7	10	3	7	10	3	7	10	
Emamectin benzoate 5 WG	100 g	23.67	16.00 (4.00)^{b}	15.33 (3.91)^{b}	17.00 (4.12)^{b}	15.67 (3.96)^{b}	14.33 (3.78)^{b}	18.00 (4.24)^{b}	16.33 (4.04)^{b}	15.67 (3.96)^{b}	19.00 (4.36)^{b}	16.67 (4.05)^{b}
Emamectin benzoate 5 WG	125 g	24.33	15.33 (3.91)^{bc}	14.33 (3.79)^{e}	16.00 (4.00)^{c}	14.67 (3.83)^{c}	14.00 (3.74)^{bc}	17.33 (4.16)^{b}	15.33 (3.92)^{c}	15.00 (3.87)^{bc}	18.00 (4.24)^{c}	15.55 (3.94)^{bc}
Emamectin benzoate 5 WG	150 g	23.00	14.67 (3.83)^{cd}	14.00 (3.74)^{c}	15.33 (3.92)^{cd}	14.33 (3.79)^{c}	13.67 (3.70)^{bc}	16.00 (4.00)^{c}	15.00 (3.87)^{c}	14.67 (3.83)^{c}	16.33 (4.04)^{d}	14.89 (3.86)^{cd}
Emamectin benzoate 5 SG	220 g	23.33	14.00 (3.74)^{d}	13.67 (3.70)^{c}	15.00 (3.87)^{d}	14.00 (3.74)^{c}	13.33 (3.65)^{cd}	15.33 (3.92)^{c}	14.67 (3.83)^{c}	14.33 (3.79)^{c}	15.67 (3.96)^{d}	14.44 (3.80)^{d}
Lufenuron 5 EC	600 ml	25.00	12.00 (3.46)^{ef}	11.67 (3.42)^{d}	13.00 (3.61)^{ef}	12.33 (3.51)^{de}	12.00 (3.46)^{ef}	13.33 (3.65)^{de}	12.67 (3.56)^{e}	12.33 (3.51)^{e}	13.00 (3.60)^{f}	12.48 (3.53)^{ef}
Spinosad 45 SC	125 ml	24.67	12.67 (3.56)^{e}	12.00 (3.46)^{d}	13.67 (3.70)^{c}	13.00 (3.61)^{d}	12.67 (3.56)^{de}	14.00 (3.74)^{d}	13.67 (3.70)^{d}	13.33 (3.65)^{d}	14.00 (3.74)^{e}	13.22 (3.64)^{e}
Chlorantraniliprole 18.5 SC	150 ml	25.33	11.33 (3.37)^{f}	10.67 (3.27)^{e}	12.33 (3.51)^{f}	12.00 (3.46)^{e}	11.67 (3.42)^{f}	12.67 (3.56)^{e}	12.33 (3.51)^{e}	12.00 (3.46)^{e}	12.67 (3.56)^{f}	11.96 (3.46)^{f}
Untreated check	--	24.00	25.00 (5.00)^{a}	25.67 (5.07)^{a}	26.33 (5.13)^{a}	27.00 (5.20)^{a}	27.67 (5.26)^{a}	26.67 (5.16)^{a}	27.33 (5.23)^{a}	27.00 (5.20)^{a}	27.67 (5.26)^{a}	26.70 (5.17)^{a}
SEd		NS	0.0548	0.0526	0.0486	0.0500	0.0526	0.0521	0.050 2	0.0496	0.0487	0.0539
CD (0.05)		NS	0.1175	0.1128	0.1042	0.1072	0.1127	0.1117	0.107 7	0.1063	0.1045	0.1156

*Mean of three replications

Os números entre parênteses são valores transformados em raiz quadrada
Numa coluna, as médias seguidas da(s) mesma(s) letra(s) não são significativamente diferentes entre si por DMRT (P=0,05)

Tabela 9. Efeito fitotóxico do benzoato de emamectina 5 WG em grama-vermelha (época I - 12 de agosto a janeiro)

Treatment	Dose g/ha	Symptoms	Pre-count	Post treatment observation									
				Days after treatment*									
				1st spray					2nd spray				
				1	3	5	7	10	1	3	5	7	10
Emamectin benzoate 5 WG	150	Leaf injury	0	0	0	0	0	0	0	0	0	0	0
		Wilting	0	0	0	0	0	0	0	0	0	0	0
		Necrosis	0	0	0	0	0	0	0	0	0	0	0
		Vein clearing	0	0	0	0	0	0	0	0	0	0	0
		Epinasty	0	0	0	0	0	0	0	0	0	0	0
		Hyponasty	0	0	0	0	0	0	0	0	0	0	0
Emamectin benzoate 5 WG	300	Leaf injury	0	0	0	0	0	0	0	0	0	0	0
		Wilting	0	0	0	0	0	0	0	0	0	0	0
		Necrosis	0	0	0	0	0	0	0	0	0	0	0
		Vein clearing	0	0	0	0	0	0	0	0	0	0	0
		Epinasty	0	0	0	0	0	0	0	0	0	0	0
		Hyponasty	0	0	0	0	0	0	0	0	0	0	0
Untreated check	-	Leaf injury	0	0	0	0	0	0	0	0	0	0	0
		Wilting	0	0	0	0	0	0	0	0	0	0	0
		Necrosis	0	0	0	0	0	0	0	0	0	0	0
		Vein clearing	0	0	0	0	0	0	0	0	0	0	0
		Epinasty	0	0	0	0	0	0	0	0	0	0	0
		Hyponasty	0	0	0	0	0	0	0	0	0	0	0

*Mean of three replications

Tabela 10. Rendimento de vagens de grama vermelha, aplicado com várias doses de Emamectin 5 WG (I temporada - 12 de agosto a 13 de janeiro)

Treatments	Dose g/ml/ha	Pod Yield (q/ha)*
Emamectin benzoate 5 WG	100 g	8.43 (2.90)^{b}
Emamectin benzoate 5 WG	125 g	9.40 (3.07)^{a}
Emamectin benzoate 5 WG	150 g	9.67 (3.11)^{a}
Emamectin benzoate 5 SG	220 g	8.67 (2.94)^{b}
Lufenuron 5 EC	600 ml	7.50 (2.74)^{c}
Spinosad 45 SC	125 ml	7.65 (2.77)^{c}
Chlorantraniliprole 18.5 SC	150 ml	7.80 (2.79)^{c}
Untreated check	--	6.12 (2.47)^{d}
SEd		0.0633
CD (0.05)		0.1272

*Mean of three replications

Os números entre parênteses são valores transformados em raiz quadrada
Numa coluna, as médias seguidas da(s) mesma(s) letra(s) não são significativamente diferentes entre si por DMRT (P=0,05)

20 g/ha (8.67 q/ha), Emamectin 5 WG @ 100 g/ha (8.43 q/ha), chlorantraniliprole 18.5 SC @ 150 ml/ha (7.80 q/ha), spinosad 45 SC @ 125 ml/ha (7.65 q/ha) e lufenuron 5 EC @ 600 ml/ha (7.50 q/ha) enquanto o controlo sem tratamento registou 6.12 q/ha (Quadro 10).

4.2. Bioeficácia do benzoato de emamectina 5 WG contra o complexo da broca da vagem do grama-vermelha (II época: agosto de 2013 a janeiro de 2014)

4.2.1. População de *H. armigera*

A população de *H. armigera* antes do tratamento variou de 27,67 a 30,00 nos./10 plantas. A população média de *H. armigera* foi mais baixa no Emamectin 5 WG @ 150 g/ha (4,59 nos./10 plantas) com uma redução em relação ao controlo de 86,51 por cento e foi igual ao Emamectin 5 WG @ 125 g/ha (4.93 nos./10 plantas; 85,67%) seguido de Emamectin 5 WG @ 100 g/ha (5,63 nos./10 plantas; 84,01%) e Emamectin 5 SG @ 220 g/ha (7,00 nos./10 plantas; 80,57%) em comparação com a testemunha (36,85 nos./10 plantas). Chlorantraniliprole 18.5 SC @ 150, spinosad 45 SC @ 125 e lufenuron 5 EC @ 600 ml/ha foram os próximos melhores em eficácia com população de 8,70 nos./10 plantas (76,13%), 9,41 nos./10 plantas (73,58%) e 10,44 nos./10 plantas (70,10%), respetivamente (Tabela 11).

A população de *H. armigera* foi a mais baixa no Emamectin 5 WG @ 150 g/ha em 3, 7 e 10 dias após a primeira pulverização (5,33, 4,67 e 5,67 nos./10 plantas), que foi igual ao Emamectin 5 WG @ 125 g/ha (5.67, 5.00 e 6.00 nos./10 plantas) seguido por Emamectin 5 WG @ 100 g/ha (6.33, 5.67 e 7.00 nos./10 plantas) e Emamectin 5 SG @ 220 g/ha (7.67, 6.33 e 8.00 nos./10 plantas) (Tabela 11). Chlorantraniliprole 18.5 SC @ 150 ml/ha (10.33, 9.00 e 10.67 nos./10 plantas), spinosad 45 SC @ 125 ml/ha (10.67, 10.00 e 11.00 nos./10 plantas) e lufenuron 5 EC @ 600 ml/ha (11.00, 10.33 e 12.00 nos./10 plantas) foram moderados no controle da população de *H. armigera* aos 3, 7 e 10 dias após a primeira pulverização.

Emamectina 5 WG @ 150 g/ha foi eficaz, resultando na população mínima de *H. armigera* de 5,00, 4,33 e 5,33 nos./10 plantas em 3, 7 e 10 dias após a segunda pulverização, respetivamente, que foi a par com Emamectina 5 WG @ 125 g/ha (5,33, 4.67 e 5.67 nos./10 plantas), seguido por Emamectin 5 WG @ 100 g/ha (6.00, 5.33 e 6.33 nos./10 plantas) e Emamectin 5 SG @ 220 g/ha (7.00, 6.33 e 7.67 nos./10 plantas) em comparação com o controlo sem tratamento (35.67, 37.67 e 39.00 nos./10 plantas). Os tratamentos acima foram significativamente diferentes de chlorantraniliprole 18.5 SC @ 150 ml/ha (9.00, 7.67 e nos./10 plantas) e spinosad 45 SC @ 125 ml/ha (9.67, 8.33 e 9.33 nos./10 plantas) durante a segunda pulverização, que foram iguais entre si, seguidos por lufenuron 5 EC @ 600 ml/ha (10.67, e 11.00 nos./10 plantas) (Tabela 11).

Aos 3, 7 e 10 dias após a terceira pulverização, o Emamectin 5 WG @ 150 g/ha foi eficaz na redução da população de *H. armigera* (3,67, 3,33 e 4,00 nos./10 plantas), o que foi igual ao Emamectin 5 WG @ 125 g/ha (Tabela 11), seguido pelo Emamectin 5 WG @ 100 g/ha e Emamectin 5 SG @ 220 g/ha.

A eficácia do clorantraniliprole, do espinosade e do lufenurão foi moderada.

4.2.2. População de *M. vitrata*

A população de *M. vitrata* antes da aplicação dos tratamentos variou de 25,00 a 27,67 nos./10 plantas. A população média de *M. vitrata* foi mínima em Emamectin 5 WG @ 150 g/ha (3,70 nos./10 plantas) com uma redução em relação ao controlo de 88,47 por cento (Quadro 12), o que foi igual ao Emamectin 5 WG @ 125 g/ha (4,30 nos./10 plantas; 86,23%). Emamectin 5 WG @ 100 g/ha registou uma população larvar de 4,81 nos./10 plantas, seguido de Emamectin 5 SG @ 220 g/ha (6,44 nos./10 plantas), chlorantraniliprole 18,5 SC @ 150 ml/ha (7.74 nos./10 plantas), spinosad 45 SC @ 125 ml/ha (8.41 nos./10 plantas) e lufenuron 5 EC @ 600 ml/ha (9.15 nos./10 plantas), contra 33.74 nos./10 plantas no controlo não tratado.

A população de *M. vitrata* foi a mais baixa no Emamectin 5 WG @ 150 g/ha aos 3, 7 e 10 dias após a primeira pulverização (4,33, 4,00 e 5,00 nos./10 plantas), que foi igual ao Emamectin 5 WG @ 125 g/ha (4,67, 4,33 e 5,67 nos./10 plantas) (Tabela 12). Emamectin 5 WG @ 100 g/ha (5.33, 4.67 e 6.00 nos./10 plantas), Emamectin 5 SG @ 220 g/ha (6.67, 6.00 e 7.67 nos./10 plantas), chlorantraniliprole 18.5 SC @ 150 ml/ha (8.33, 7.33 e 8.67 nos./10 plantas), spinosad 45 SC @ 125 ml/ha (9.00, 8.33 e 9.67 nos./10 plantas), e lufenuron 5 EC @ 600 ml/ha (9.67, 9.33 e 10.00 nos./10 plantas) foram os próximos tratamentos eficazes, em comparação com o controlo (28.33, 29.67, 31.00 nos./10 plantas).

Emamectin 5 WG @ 150, 125 e 100 g/ha registou a menor população de *M. vitrata* de 3.67, 3.33 e 4.00 nos./10 plantas, 4.00, 3.67 e 5.33 nos./10 plantas e 4.33, 4.00 e 6.33 nos./10 plantas aos 3, 7 e 10 dias após a segunda pulverização, respetivamente, seguido por Emamectin 5 SG @ 220 g/ha, chlorantraniliprole 18.5 SC @ 150 ml/ha, spinosad 45 SC @ 125 ml/ha e lufenuron 5 EC @ 600 ml/ha (Tabela 12).

A população de *M. vitrata* no Emamectin 5 WG @ 150 g/ha (3.00, 2.67 e 3.33 nos./10 plantas) registou o mínimo aos 3, 7 e 10 dias após a terceira pulverização e foi igual ao Emamectin 5 WG @ 125 g/ha (4.00, 3.33 e 3.67 nos./10 plantas), seguido por Emamectin 5 WG @ 100 g/ha (4.67, 3.67 e 4.33 nos./10 plantas) e Emamectin 5 SG @ 220 g/ha (6.33, 5.67 e 7.33 nos./10 plantas) contra o controlo (36.67, 38.00 e 39.67 nos./10 plantas). O produto químico padrão, chlorantraniliprole 18,5 SC @ 150 ml/ha (7,00, 6,33 e 8,67 nos./10 plantas), spinosad 45 SC @ 125 ml/ha (8,00, 7,67 e 8,67 nos./10 plantas) e lufenuron 5 EC @ 600 ml/ha (8,67, 8,33 e 9,33 nos./10 plantas) foram os próximos melhores no manejo da população de *M. vitrata* e estavam em pé de igualdade entre si (Tabela 12).

4.2.3. População de *E. zinckenalla*

A pré-contagem da população de larvas de *E. zinckenella* variou de 22,67 a 24,33 nos./10 plantas. A população média de *E. zinckenella* foi a mais baixa no Emamectin 5 WG @ 150 g/ha (3,63 nos./10 plantas) com uma redução em relação ao controlo de 88,49 por cento (Quadro 13), que foi igual ao Emamectin 5 WG @ 125 g/ha (4.33 nos./10 plantas; 85,47%), seguido por Emamectin 5 WG @ 100 g/ha (5,26 nos./10 plantas; 82,60%) e Emamectin 5 WG @ 220 g/ha (6,44 nos./10 plantas; 79,10%). O próximo melhor foi o clorantraniliprole 18,5 SC @ 150 ml/ha (7,74 nos./10 plantas; 75,46%), spinosad 45 SC @ 125 ml/ha (8,07 nos./10 plantas; 74,76%) e lufenuron 5 EC @ 600 ml/ha com uma redução da população larvar de 72,26 por cento e estavam em pé de igualdade.

O Emamectin 5 WG @ 150 g/ha foi eficaz, resultando na menor população de *E. zinckenella* de 4,00, 3,67 e 5,67 nos./10 plantas aos 3, 7 e 10 dias após a primeira pulverização, respetivamente, o que foi igual ao Emamectin 5 WG @ 125 g/ha (4.67, 4.33 e 5.33 nos./10 plantas), seguido por Emamectin 5 WG @ 100 g/ha (5.67, 5.33 e 6.00 nos./10 plantas) e Emamectin 5 SG @ 220 g/ha (7.00, 6.33 e 7.33 nos./10 plantas) (Quadro 13). Os tratamentos acima foram significativamente diferentes do clorantraniliprole 18.5 SC @ 150 ml/ha (8.33, 7.67 e 8.67 nos./10 plantas), spinosad 45 SC @ 125 ml/ha (8.67, 8.00 e 9.00 nos./10 plantas) e lufenuron 5 EC @ 600 ml/ha (9.33, 9.00 e 9.67 nos./10 plantas), em comparação com o controlo não tratado (24.67, 26.00 e 27.33 nos./10 plantas).

A população de *E. zinckenella* foi a mais baixa no Emamectin 5 WG @ 150 g/ha aos 3, 7 e 10 dias após a segunda pulverização (4,00, 3,33 e 3,67 nos./10 plantas), que foi igual ao Emamectin 5 WG @ 125 g/ha (4.33, 3.67 e 4.67 nos./10 plantas), seguido por Emamectin 5 WG @ 100 g/ha (5.00, e 6.00 nos./10 plantas) e Emamectin 5 SG @ 220 g/ha (6.67, 6.00 e 7.67 nos./10 plantas) (Tabela 13). Chlorantraniliprole 18.5 SC @ 150 ml/ha (8.00, 7.67 e 8.33 nos./10 plantas), spinosad 45 SC @ 125 ml/ha (8.33, 8.00 e 8.67 nos./10 plantas) e lufenuron 5 EC @ 600 ml/ha (8.67, 8.33 e 9.00 nos./10 plantas) foram os próximos tratamentos eficazes, em comparação com o controlo (29.00, 31.33 e 33.00 nos./10 plantas).

Durante a terceira pulverização, Emamectin 5 WG @ 150 e 125 g/ha foram iguais em eficácia na redução da população de *E. zinckenella* e estavam em pé de igualdade, seguidos por Emamectin 5 WG @ 100 g/ha, Emamectin 5 SG @ 220 g/ha, chlorantraniliprole 18.5 SC @ 150 ml/ha, spinosad 45 SC @ 125 ml/ha e lufenuron 5 EC @ 600 ml/ha (Tabela 13).

4.2.4. Danos causados pela broca da vagem

Os danos causados pelas brocas das vagens antes da aplicação dos tratamentos variaram de 33,21 a 35,84%. O dano médio das vagens foi o mais baixo no Emamectin 5 WG @ 150 g/ha (5,24%), com uma redução de 86,04% em relação ao controlo, e foi igual ao Emamectin 5 WG @ 125 g/ha (5,77%; 85,27%). O Emamectin 5 WG @ 100 g/ha registou um dano nas vagens de 6,50%, seguido pelo Emamectin 5 SG @ 220 g/ha (7,88%), chlorantraniliprole 18,5 SC @ 150 ml/ha (9,55%), spinosad 45 SC @ 125 ml/ha (10,25%) e lufenuron 5 EC @ 600 ml/ha (10,90%), contra 40,50% no controlo não tratado (Quadro 14).

O Emamectin 5 WG @ 150 g/ha foi significativamente superior ao registar os danos mais baixos nas vagens (6,87, 6,12 e 7,20%) e foi equiparado ao Emamectin 5 WG @ 125 g/ha (6,98, 6,30 e 7,31%)

e ao Emamectin 5 WG @ 100 g/ha (7,34, 6,86 e 7,66%) aos 3, 7 e 10 dias após a primeira pulverização (Quadro 14). Emamectina 5 SG @ 220 g/ha (8,55, 7,86 e 8,80%) e clorantraniliprole 18,5 SC @ 150 ml/ha (10,23, 9,47 e 10,08%) foram os próximos tratamentos eficazes, em comparação com o controlo (36,24, 37,31, 39,22%). Spinosad 45 SC @ 125 ml/ha (10.77, 9.80 e 10.98%) e lufenuron 5 EC @ 600 ml/ha (11.20, 10.51 e 11.33%) foram moderados na redução dos danos nas vagens após a primeira pulverização.

Os danos nas vagens foram baixos no Emamectin 5 WG @ 150 (5,53, 4,97 e 5,34%) e 125 g/ha (5,75, 5,14 e 5,80%) durante a segunda pulverização, que foram iguais entre si, seguidos pelo Emamectin 5 WG @ 100 g/ha (6,37, 6,05 e 6,75%) e Emamectin 5 SG @ 220 g/ha (7,84, 7,44 e 7,91%). O produto químico padrão, clorantraniliprole 18,5 SC @ 150 ml/ha (9,58, 9,26 e 9,80%), spinosad 45 SC @ 125 ml/ha (10,22, 9,97 e 10,39%) e lufenuron 5 EC @ 600 ml/ha (10,91, 10,55 e 11,20%) foram os próximos melhores na redução dos danos às vagens por brocas (Tabela 14).

Aos 3, 7 e 10 dias após a terceira pulverização, Emamectin 5 WG @ 150 e 125 g/ha foram igualmente eficazes em termos de eficácia, resultando em danos nas vagens de 4,04, 3,32 e 3,75% e 5,17, 4,40 e 5,04%,

Tabela 11. População de *H. armigera* em grama vermelha, aplicada com várias doses de Emamectin 5 WG (II temporada - 13 de agosto a 14 de janeiro)

Treatments	Dose g/ml/ ha	Pre-count Nos./ 10 plants	Post-treatment population of *H. armigera* (Nos./10 plants)* Days after treatment (DAT)									Mean	% Reduction over control
			1st spray			2st spray			3rd spray				
			3	7	10	3	7	10	3	7	10		
Emamectin benzoate 5 WG	100 g	28.67	6.33 (2.51)b	5.67 (2.38)b	7.00 (2.64)b	6.00 (2.45)b	5.33 (2.31)b	6.33 (2.51)b	5.00 (2.23)b	4.33 (2.08)b	4.67 (2.16)b	5.63 (2.37)b	84.01
Emamectin benzoate 5 WG	125 g	28.00	5.67 (2.38)ab	5.00 (2.23)a	6.00 (2.45)a	5.33 (2.31)ab	4.67 (2.16)ab	5.67 (2.38)ab	4.00 (2.00)a	3.67 (1.91)ab	4.33 (2.08)a	4.93 (2.22)ab	85.67
Emamectin benzoate 5 WG	150 g	27.67	5.33 (2.31)a	4.67 (2.16)a	5.67 (2.38)a	5.00 (2.23)a	4.33 (2.08)a	5.33 (2.31)a	3.67 (1.91)a	3.33 (1.82)a	4.00 (2.00)a	4.59 (2.14)a	86.51
Emamectin benzoate 5 SG	220 g	29.33	7.67 (2.77)c	6.33 (2.51)c	8.00 (2.83)c	7.00 (2.64)c	6.33 (2.51)c	7.67 (2.77)c	7.00 (2.64)c	6.33 (2.51)c	6.67 (2.58)c	7.00 (2.64)c	80.57
Lufenuron 5 EC	600 ml	28.33	11.00 (3.32)d	10.33 (3.21)e	12.00 (3.46)e	10.67 (3.27)e	9.67 (3.11)e	11.00 (3.32)e	10.00 (3.16)e	9.00 (3.00)d	10.33 (3.21)d	10.44 (3.23)e	70.10
Spinosad 45 SC	125 ml	29.00	10.67 (3.27)d	10.00 (3.16)e	11.00 (3.32)d	9.67 (3.11)d	8.33 (2.89)d	9.33 (3.05)d	8.67 (2.94)d	8.00 (2.83)d	9.00 (3.00)d	9.41 (3.06)de	73.58
Chlorantraniliprole 18.5 SC	150 ml	29.67	10.33 (3.21)d	9.00 (3.00)d	10.67 (3.27)d	9.00 (3.00)d	7.67 (2.77)d	8.67 (2.94)d	7.67 (2.77)d	7.00 (2.64)d	8.33 (2.88)d	8.70 (2.95)d	76.13
Untreated check	--	30.00	31.67 (5.63)e	33.00 (5.74)f	34.33 (5.86)f	35.67 (5.97)f	37.67 (6.14)f	39.00 (6.24)f	38.67 (6.22)f	40.00 (6.32)e	41.67 (6.46)e	36.85 (6.07)f	-
SEd		NS	0.0749	0.0733	0.0671	0.0713	0.0762	0.0757	0.0792	0.0839	0.0777	0.0735	-
CD (0.05)		NS	0.1606	0.1572	0.1440	0.1529	0.1635	0.1624	0.1700	0.1799	0.1666	0.1577	-

*Mean of three replications

Os números entre parênteses são valores transformados em raiz quadrada
Numa coluna, as médias seguidas da(s) mesma(s) letra(s) não são significativamente diferentes entre si por DMRT (P=0,05)

Tabela 12. População de *M. vitrata* em redgrama, aplicado com várias doses de Emamectin 5 WG (II época - 13 de agosto a 14 de janeiro)

Treatments	Dose g/ml/ ha	Pre – count Nos./ 10 plants	Post-treatment population of *M. vitrata* (Nos./10 plants)* Days after treatment (DAT)									Mean	% Reduction over control
			1st spray			2st spray			3rd spray				
			3	7	10	3	7	10	3	7	10		
Emamectin 5 WG	100 g	26.67	5.33 (2.31)^{b}	4.67 (2.16)^{b}	6.00 (2.45)^{b}	4.33 (2.08)^{b}	4.00 (2.00)^{b}	6.33 (2.51)^{b}	4.67 (2.16)^{b}	3.67 (1.91)^{b}	4.33 (2.08)^{b}	4.81 (2.19)^{b}	85.39
Emamectin 5 WG	125 g	25.33	4.67 (2.16)^{ab}	4.33 (2.08)^{a}	5.67 (2.38)^{ab}	4.00 (2.00)^{a}	3.67 (1.91)^{a}	5.33 (2.31)^{ab}	4.00 (2.00)^{b}	3.33 (1.82)^{ab}	3.67 (1.91)^{ab}	4.30 (2.07)^{ab}	86.23
Emamectin 5 WG	150 g	26.00	4.33 (2.08)^{a}	4.00 (2.00)^{a}	5.00 (2.23)^{a}	3.67 (1.91)^{a}	3.33 (1.82)^{a}	4.00 (2.00)^{a}	3.00 (1.73)^{a}	2.67 (1.63)^{a}	3.33 (1.82)^{a}	3.70 (1.92)^{a}	88.47
Emamectin 5 SG	220 g	27.67	6.67 (2.58)^{c}	6.00 (2.45)^{c}	7.67 (2.77)^{c}	5.33 (2.31)^{c}	5.00 (2.23)^{c}	8.00 (2.83)^{c}	6.33 (2.51)^{c}	5.67 (2.38)^{c}	7.33 (2.71)^{c}	6.44 (2.54)^{c}	81.85
Lufenuron 5 EC	600 ml	25.67	9.67 (3.11)^{e}	9.33 (3.05)^{e}	10.00 (3.16)^{e}	9.00 (3.00)^{e}	8.67 (2.94)^{e}	9.33 (3.05)^{e}	8.67 (2.94)^{d}	8.33 (2.89)^{d}	9.33 (3.05)^{d}	9.15 (3.02)^{e}	71.13
Spinosad 45 SC	125 ml	26.33	9.00 (3.00)^{de}	8.33 (2.89)^{de}	9.67 (3.11)^{de}	8.00 (2.83)^{d}	7.33 (2.71)^{d}	9.00 (3.00)^{d}	8.00 (2.83)^{d}	7.67 (2.77)^{d}	8.67 (2.94)^{d}	8.41 (2.90)^{de}	74.13
Chlorantraniliprole 18.5 SC	150 ml	25.00	8.33 (2.89)^{d}	7.33 (2.71)^{d}	8.67 (2.94)^{d}	7.67 (2.77)^{d}	7.00 (2.64)^{d}	8.67 (2.94)^{d}	7.00 (2.64)^{c}	6.33 (2.51)^{cd}	8.67 (2.94)^{d}	7.74 (2.78)^{d}	75.18
Untreated check	--	27.33	28.33 (5.32)^{f}	29.67 (5.45)^{f}	31.00 (5.57)^{f}	32.33 (5.69)^{f}	33.00 (5.74)^{f}	35.00 (5.92)^{e}	36.67 (6.06)^{e}	38.00 (6.16)^{e}	39.67 (6.30)^{e}	33.74 (5.81)^{f}	-
SEd		NS	0.0820	0.0791	0.0711	0.0820	0.0848	0.0794	0.0829	0.0901	0.0819	0.0791	-
CD (0.05)		NS	0.1759	0.1697	0.1525	0.1760	0.1820	0.1703	0.1778	0.1934	0.1757	0.1697	-

*Mean of three replications

Os números entre parênteses são valores transformados em raiz quadrada
Numa coluna, as médias seguidas da(s) mesma(s) letra(s) não são significativamente diferentes entre si por DMRT (P=0,05)

Tabela 13. População de *E. zinckenella* em grama-vermelha, aplicada com várias doses de Emamectin 5 WG (II temporada - 13 de agosto a 14 de janeiro)

Treatments	Dose g/ml/ ha	Pre – count Nos./ 10 plants	Post-treatment population of *E. zinckenella* (Nos./10 plants)* Days after treatment (DAT)									Mean	% Reduction over control
			1st spray			2st spray			3rd spray				
			3	7	10	3	7	10	3	7	10		
Emamectin 5 WG	100 g	23.00	5.67 (2.38)^{b}	5.33 (2.31)^{b}	6.00 (2.45)^{b}	5.00 (2.23)^{b}	4.67 (2.16)^{b}	6.00 (2.45)^{b}	5.33 (2.31)^{b}	4.33 (2.08)^{b}	5.00 (2.23)^{b}	5.26 (2.29)^{b}	82.60
Emamectin 5 WG	125 g	22.67	4.67 (2.16)^{a}	4.33 (2.08)^{a}	5.33 (2.31)^{ab}	4.33 (2.08)^{ab}	3.67 (1.91)^{a}	4.67 (2.16)^{ab}	4.33 (2.08)^{ab}	3.67 (1.91)^{ab}	4.00 (2.00)^{ab}	4.33 (2.08)^{ab}	85.47
Emamectin 5 WG	150 g	24.00	4.00 (2.00)^{a}	3.67 (1.91)^{a}	5.00 (2.23)^{a}	4.00 (2.00)^{a}	3.33 (1.82)^{a}	3.67 (1.91)^{a}	3.00 (1.73)^{a}	2.67 (1.63)^{a}	3.33 (1.82)^{a}	3.63 (1.90)^{a}	88.49
Emamectin 5 SG	220 g	23.33	7.00 (2.64)^{c}	6.33 (2.51)^{c}	7.33 (2.71)^{c}	6.67 (2.58)^{c}	6.00 (2.45)^{c}	7.67 (2.77)^{c}	5.67 (2.38)^{c}	5.33 (2.31)^{c}	6.00 (2.45)^{c}	6.44 (2.54)^{c}	79.10
Lufenuron 5 EC	600 ml	23.67	9.33 (3.05)^{de}	9.00 (3.00)^{de}	9.67 (3.11)^{de}	8.67 (2.94)^{d}	8.33 (2.89)^{d}	9.00 (3.00)^{de}	8.00 (2.83)^{de}	7.33 (2.71)^{d}	8.33 (2.89)^{d}	8.63 (2.94)^{d}	72.26
Spinosad 45 SC	125 ml	24.33	8.67 (2.94)^{d}	8.00 (2.83)^{d}	9.00 (3.00)^{d}	8.33 (2.89)^{d}	8.00 (2.83)^{d}	8.67 (2.94)^{de}	7.33 (2.71)^{d}	7.00 (2.64)^{d}	7.67 (2.77)^{d}	8.07 (2.84)^{d}	74.76
Chlorantraniliprole 18.5 SC	150 ml	24.00	8.33 (2.89)^{d}	7.67 (2.77)^{d}	8.67 (2.94)^{d}	8.00 (2.83)^{d}	7.67 (2.77)^{d}	8.33 (2.89)^{d}	7.00 (2.64)^{d}	6.67 (2.58)^{d}	7.33 (2.71)^{d}	7.74 (2.78)^{d}	75.46
Untreated check	--	23.67	24.67 (4.97)^{f}	26.00 (5.10)^{f}	27.33 (5.23)^{f}	29.00 (5.38)^{e}	31.33 (5.60)^{e}	33.00 (5.74)^{f}	34.67 (5.89)^{f}	36.00 (6.00)^{e}	38.00 (6.16)^{e}	31.11 (5.58)^{e}	-
SEd		NS	0.0826	0.0786	0.0722	0.0785	0.0829	0.0826	0.0816	0.0891	0.0815	0.0789	-
CD (0.05)		NS	0.1773	0.1687	0.1549	0.1683	0.1778	0.1772	0.1751	0.1910	0.1748	0.1693	-

*Mean of three replications

Os números entre parênteses são valores transformados em raiz quadrada
Numa coluna, as médias seguidas da(s) mesma(s) letra(s) não são significativamente diferentes entre si por DMRT (P=0,05)

Tabela 14. Porcentagem de danos causados pela broca da vagem em grama vermelha, aplicada com várias doses de Emamectin 5 WG (II temporada - 13 de agosto a 14 de janeiro)

Treatments	Dose g/ml/ ha	Pre - count % pod damage	% pod damage by pod borers* Days after treatment (DAT)									Mean	% Reduction over control
			1st spray			2st spray			3rd spray				
			3	7	10	3	7	10	3	7	10		
Emamectin 5 WG	100 g	33.52	7.34 (15.72)^{a}	6.86 (15.17)^{a}	7.66 (16.06)^{a}	6.37 (14.61)^{b}	6.05 (14.23)^{b}	6.75 (15.05)^{b}	6.10 (14.29)^{b}	5.50 (13.55)^{b}	5.86 (14.00)^{b}	6.50 (14.76)^{b}	82.84
Emamectin 5 WG	125 g	34.67	6.98 (15.31)^{a}	6.30 (14.53)^{a}	7.31 (15.68)^{a}	5.75 (13.86)^{ab}	5.14 (13.09)^{a}	5.80 (13.92)^{a}	5.17 (13.13)^{ab}	4.40 (12.09)^{ab}	5.04 (12.96)^{ab}	5.77 (13.89)^{ab}	85.27
Emamectin 5 WG	150 g	33.21	6.87 (15.19)^{a}	6.12 (14.32)^{a}	7.20 (15.56)^{a}	5.53 (13.59)^{a}	4.97 (12.87)^{a}	5.34 (13.35)^{a}	4.04 (11.58)^{a}	3.32 (10.48)^{a}	3.75 (11.15)^{a}	5.24 (13.22)^{a}	86.04
Emamectin 5 SG	220 g	35.84	8.55 (17.00)^{b}	7.86 (16.28)^{b}	8.80 (17.25)^{b}	7.84 (16.26)^{c}	7.44 (15.83)^{c}	7.91 (16.33)^{c}	7.50 (15.89)^{c}	7.22 (15.58)^{c}	7.81 (16.22)^{c}	7.88 (16.30)^{c}	80.55
Lufenuron 5 EC	600 ml	34.27	11.20 (19.55)^{d}	10.51 (18.91)^{d}	11.33 (19.67)^{d}	10.91 (19.29)^{e}	10.55 (18.95)^{e}	11.20 (19.55)^{e}	10.87 (19.25)^{e}	10.42 (18.83)^{e}	11.10 (19.46)^{e}	10.90 (19.28)^{e}	71.86
Spinosad 45 SC	125 ml	34.96	10.77 (19.16)^{cd}	9.80 (18.24)^{cd}	10.98 (19.35)^{cd}	10.22 (18.64)^{de}	9.97 (18.40)^{de}	10.39 (18.80)^{de}	10.10 (18.53)^{de}	9.88 (18.32)^{de}	10.15 (18.57)^{de}	10.25 (18.67)^{de}	74.06
Chlorantraniliprole 18.5 SC	150 ml	35.45	10.23 (18.65)^{c}	9.47 (17.92)^{c}	10.08 (18.51)^{c}	9.58 (18.03)^{d}	9.26 (17.71)^{d}	9.80 (18.24)^{d}	9.33 (17.78)^{d}	9.01 (17.46)^{d}	9.20 (17.65)^{d}	9.55 (18.00)^{d}	76.16
Untreated check	--	35.83	36.24 (37.01)^{e}	37.31 (37.65)^{e}	39.22 (38.78)^{e}	39.96 (39.21)^{f}	40.14 (39.31)^{f}	41.37 (40.03)^{f}	42.43 (40.65)^{f}	43.77 (41.42)^{f}	44.10 (41.61)^{f}	40.50 (39.52)^{f}	-
SEd		NS	0.4192	0.4031	0.3783	0.4103	0.4261	0.4440	0.4302	0.4657	0.4357	0.4127	-
CD (0.05)		NS	0.8993	0.8647	0.8114	0.8802	0.9140	0.9525	0.9229	0.9989	0.9345	0.8853	-

*Mean of three replications

Os valores entre parênteses são valores transformados em arco-seno
Numa coluna, as médias seguidas da(s) mesma(s) letra(s) não são significativamente diferentes entre si por DMRT (P=0,05)

respetivamente. Emamectina 5 WG @ 100 g/ha (6.10, 5.50 e 5.86%) e Emamectina 5 SG @ 220 g/ha (7.50, 7.22 e 7.81%) foram os tratamentos seguintes eficazes, em comparação com o controlo (42.43, 43.77, 44.10%) (Quadro 14). Chlorantraniliprole 18.5 SC @ 150 ml/ha, spinosad 45 SC @ 125 ml/ha e lufenuron 5 EC @ 600 ml/ha tiveram eficácia moderada.

4.2.5. População de coccinelídeos

A população de coccinelídeos antes da aplicação dos insecticidas variava entre 27,33 e 29,67 nos./10 plantas (quadro 15). Em todas as dosagens de Emamectin 5 WG, a população de coccinelídeos foi mais ou menos igual e a população média geral variou de 15,15 a 18,29 nos./10 plantas, seguida por Emamectin 5 SG @ 220 g/ha (13.78 nos./10 plantas), spinosad 45 SC @ 125 ml/ha (12.67 nos./10 plantas), chlorantraniliprole 18.5 SC @ 150 ml/ha (12.07 nos./10 plantas) e lufenuron 5 EC @ 600 ml/ha (11.26 nos./10 plantas), respetivamente. A testemunha não tratada registou a maior população de coccinelídeos, 32,04 nos./10 plantas (Quadro 15).

4.2.6. População de aranhas

A aplicação foliar de Emamectin 5 WG em todas as doses não causou efeito adverso na população de aranhas no ecossistema de grama vermelha (Tabela 16). A população média de aranhas foi maior no controle não tratado (27,00 nos./10 plantas), seguido por Emamectin 5 WG @ 100 g/ha (16,59 nos./10 plantas), 125 g/ha (15,78 nos./10 plantas) e 150 g/ha (15,04 nos./10 plantas). Emamectin 5 SG @ 220 g/ha e spinosad 45 SC @ 125 ml/ha foram igualmente seguros para as aranhas, registando 14,52 e 13,30 nos./10 plantas, respetivamente, seguidos por lufenuron 5 EC @ 600 ml/ha (12,52 nos./10 plantas) e chlorantraniliprole 18,5 SC @ 150 ml/ha (11,89 nos./10 plantas).

4.2.7. Fitotoxicidade do Emamectin 5 WG para o grama-vermelho

Plantas de grama vermelha pulverizadas com Emamectin 5 WG @ 150 e 300 ml ha^{-1} não apresentaram nenhum sintoma de fitotoxicidade, como lesão na ponta da folha, murcha, clareamento de veias, necrose, epinastia e hiponastia 1, 3, 5, 7 e 10 dias após a pulverização (Tabela 17).

4.2.8. Rendimento das vagens

O Emamectin 5 WG @ 150 g/ha registou uma produção de vagens significativamente superior de 10,10 q/ha contra 6,14 q/ha no controlo (Quadro 18). No entanto, este tratamento foi encontrado a par com a dose mais baixa de Emamectina 5 WG @ 125 g/ha, que registou o rendimento de vagens de 9,68 q/ha, seguido de Emamectina 5

Tabela 15. População de coccinelídeos em grama-vermelha, aplicada com várias doses de Emamectin 5 WG (II época - 13 dc agosto a 14 de janeiro)

Treatments	Dose g/ml/ha	Pre – count Nos./ 10 plants	Post-treatment population of coccinellids (Nos./10 plants)* Days after treatment (DAT)									Mean
			1st spray			2st spray			3rd spray			
			3	7	10	3	7	10	3	7	10	
Emamectin 5 WG	100 g	27.33	17.00 (4.12)^{b}	15.67 (3.96)^{b}	18.33 (4.28)^{b}	17.33 (4.16)^{b}	16.33 (4.04)^{b}	20.33 (4.51)^{b}	19.00 (4.36)^{b}	18.33 (4.28)^{b}	22.33 (4.73)^{b}	18.29 (4.28)^{b}
Emamectin 5 WG	125 g	28.67	14.33 (3.78)^{c}	13.33 (3.65)^{c}	16.67 (4.08)^{c}	15.33 (3.91)^{c}	14.33 (3.79)^{c}	18.33 (4.28)^{c}	17.33 (4.16)^{c}	16.33 (4.04)^{c}	19.67 (4.43)^{c}	16.18 (4.02)^{c}
Emamectin 5 WG	150 g	28.00	14.00 (3.74)^{cd}	12.67 (3.56)^{cd}	15.33 (3.92)^{d}	14.00 (3.74)^{d}	13.67 (3.70)^{c}	17.33 (4.16)^{d}	16.33 (4.04)^{d}	15.00 (3.87)^{d}	18.00 (4.24)^{d}	15.15 (3.89)^{d}
Emamectin 5 SG	220 g	27.67	13.33 (3.65)^{d}	12.33 (3.51)^{d}	14.33 (3.79)^{e}	13.33 (3.65)^{d}	12.67 (3.56)^{d}	14.67 (3.83)^{e}	14.00 (3.74)^{e}	13.33 (3.65)^{e}	16.00 (4.00)^{e}	13.78 (3.71)^{e}
Lufenuron 5 EC	600 ml	29.00	10.67 (3.27)^{f}	10.00 (3.16)^{f}	12.00 (3.46)^{f}	11.67 (3.42)^{e}	11.00 (3.32)^{f}	12.67 (3.56)^{f}	11.67 (3.42)^{g}	10.67 (3.27)^{g}	11.00 (3.32)^{h}	11.26 (3.36)^{g}
Spinosad 45 SC	125 ml	29.33	11.67 (3.42)^{e}	11.33 (3.37)^{e}	12.67 (3.56)^{f}	12.33 (3.51)^{e}	12.00 (3.46)^{de}	14.33 (3.79)^{e}	13.00 (3.61)^{f}	12.67 (3.56)^{ef}	14.00 (3.74)^{f}	12.67 (3.56)^{f}
Chlorantraniliprole 18.5 SC	150 ml	29.67	11.33 (3.37)^{ef}	11.00 (3.32)^{e}	12.67 (3.56)^{f}	12.00 (3.46)^{e}	11.33 (3.37)^{ef}	13.00 (3.61)^{f}	12.33 (3.51)^{fg}	12.00 (3.46)^{f}	13.00 (3.60)^{g}	12.07 (3.47)^{f}
Untreated check	--	28.33	29.33 (5.42)^{a}	29.67 (5.45)^{a}	30.33 (5.51)^{a}	31.00 (5.57)^{a}	32.33 (5.69)^{a}	34.00 (5.83)^{a}	33.33 (5.77)^{a}	34.33 (5.86)^{a}	34.00 (5.83)^{a}	32.04 (5.66)^{a}
SEd		NS	0.0556	0.0541	0.0487	0.0501	0.0526	0.0508	0.0494	0.0494	0.0483	0.0508
CD (0.05)		NS	0.1193	0.1160	0.1045	0.1076	0.1129	0.1089	0.1061	0.1059	0.1036	0.1089

*Mean of three replications

Os valores entre parênteses são valores transformados em raiz quadrada
Numa coluna, as médias seguidas da(s) mesma(s) letra(s) não são significativamente diferentes entre si por DMRT (P=0,05)

Tabela 16. População de aranhas em redgrama, aplicado com várias doses de Emamectin 5 WG (II época - 13 de agosto a 14 de janeiro)

Treatments	Dose g/ml/ha	Pre – count Nos./ 10 plants	Post-treatment population of spiders (Nos./10 plants)* Days after treatment (DAT)									Mean
			1st spray			2st spray			3rd spray			
			3	7	10	3	7	10	3	7	10	
Emamectin 5 WG	100 g	23.33	16.33 (4.04)^{b}	15.67 (3.96)^{b}	17.00 (4.12)^{b}	16.00 (4.00)^{b}	14.33 (3.78)^{b}	18.00 (4.24)^{b}	16.67 (4.08)^{b}	16.00 (4.00)^{b}	19.33 (4.40)^{b}	16.59 (4.07)^{b}
Emamectin 5 WG	125 g	24.67	15.67 (3.96)^{bc}	14.67 (3.83)^{c}	16.33 (4.04)^{bc}	14.67 (3.83)^{c}	14.00 (3.74)^{bc}	17.33 (4.16)^{b}	16.00 (4.00)^{b}	15.33 (3.91)^{bc}	18.00 (4.24)^{c}	15.78 (3.97)^{bc}
Emamectin 5 WG	150 g	24.00	15.00 (3.87)^{cd}	14.33 (3.79)^{cd}	15.67 (3.96)^{cd}	14.33 (3.79)^{c}	13.67 (3.70)^{bc}	16.00 (4.00)^{c}	15.00 (3.87)^{c}	14.67 (3.83)^{cd}	16.67 (4.08)^{d}	15.04 (3.88)^{cd}
Emamectin 5 SG	220 g	23.67	14.33 (3.79)^{d}	13.67 (3.70)^{d}	15.00 (3.87)^{d}	14.33 (3.79)^{c}	13.33 (3.65)^{cd}	15.33 (3.92)^{c}	14.67 (3.83)^{c}	14.33 (3.79)^{d}	15.67 (3.96)^{e}	14.52 (3.81)^{d}
Lufenuron 5 EC	600 ml	23.67	12.33 (3.51)^{e}	11.67 (3.42)^{e}	13.33 (3.65)^{e}	12.33 (3.51)^{de}	12.00 (3.46)^{ef}	13.33 (3.65)^{de}	12.67 (3.56)^{e}	12.33 (3.51)^{f}	12.67 (3.56)^{g}	12.52 (3.54)^{f}
Spinosad 45 SC	125 ml	24.67	13.00 (3.61)^{e}	12.00 (3.46)^{e}	13.67 (3.70)^{e}	13.00 (3.61)^{d}	12.67 (3.56)^{de}	14.00 (3.74)^{d}	13.67 (3.70)^{d}	13.33 (3.65)^{e}	14.33 (3.79)^{f}	13.30 (3.65)^{e}
Chlorantranilip role 18.5 SC	150 ml	24.33	11.00 (3.32)^{f}	10.67 (3.27)^{f}	12.33 (3.51)^{f}	12.00 (3.46)^{e}	11.67 (3.42)^{f}	12.67 (3.56)^{e}	12.33 (3.51)^{e}	11.67 (3.42)^{f}	12.67 (3.56)^{g}	11.89 (3.45)^{f}
Untreated check	--	24.33	25.33 (5.03)^{a}	26.33 (5.13)^{a}	26.67 (5.16)^{a}	28.00 (5.29)^{a}	27.67 (5.26)^{a}	27.00 (5.20)^{a}	27.33 (5.23)^{a}	27.67 (5.26)^{a}	27.00 (5.20)^{a}	27.00 (5.20)^{a}
SEd		NS	0.0543	0.0523	0.0483	0.0498	0.0526	0.0521	0.0499	0.0495	0.0487	0.0507
CD (0.05)		NS	0.1165	0.1122	0.1036	0.1069	0.1127	0.1117	0.1070	0.1061	0.1045	0.1088

*Mean of three replications

Os valores entre parênteses são valores transformados em raiz quadrada
Numa coluna, as médias seguidas da(s) mesma(s) letra(s) não são significativamente diferentes entre si por DMRT (P=0,05)

Tabela 17. Efeito fitotóxico do benzoato de emamectina 5 WG no salicórnia (II época - 13 de agosto a 14 de janeiro)

Treatment	Dose Product g/ha	Symptoms	Pre-count	Post treatment observation Days after treatment*									
				1st spray					2nd spray				
				1	3	5	7	10	1	3	5	7	10
Emamectin benzoate 5 WG	150	Leaf injury	0	0	0	0	0	0	0	0	0	0	0
		Wilting	0	0	0	0	0	0	0	0	0	0	0
		Necrosis	0	0	0	0	0	0	0	0	0	0	0
		Vein clearing	0	0	0	0	0	0	0	0	0	0	0
		Epinasty	0	0	0	0	0	0	0	0	0	0	0
		Hyponasty	0	0	0	0	0	0	0	0	0	0	0
Emamectin benzoate 5 WG	300	Leaf injury	0	0	0	0	0	0	0	0	0	0	0
		Wilting	0	0	0	0	0	0	0	0	0	0	0
		Necrosis	0	0	0	0	0	0	0	0	0	0	0
		Vein clearing	0	0	0	0	0	0	0	0	0	0	0
		Epinasty	0	0	0	0	0	0	0	0	0	0	0
		Hyponasty	0	0	0	0	0	0	0	0	0	0	0
Untreated check	-	Leaf injury	0	0	0	0	0	0	0	0	0	0	0
		Wilting	0	0	0	0	0	0	0	0	0	0	0
		Necrosis	0	0	0	0	0	0	0	0	0	0	0
		Vein clearing	0	0	0	0	0	0	0	0	0	0	0
		Epinasty	0	0	0	0	0	0	0	0	0	0	0
		Hyponasty	0	0	0	0	0	0	0	0	0	0	0

*Mean of three replications

Tabela 18. Rendimento de vagem de redgrama, aplicado com várias doses de Emamectin 5 WG (II temporada - 13 de agosto a 14 de janeiro)

Treatments	Dose g/ml/ha	Pod Yield (q/ha)*
Emamectin benzoate 5 WG	100 g	9.00 (3.00)[b]
Emamectin benzoate 5 WG	125 g	9.68 (3.11)[a]
Emamectin benzoate 5 WG	150 g	10.10 (3.18)[a]
Emamectin benzoate 5 SG	220 g	9.00 (3.00)[b]
Lufenuron 5 EC	600 ml	8.10 (2.85)[c]
Spinosad 45 SC	125 ml	8.22 (2.87)[c]
Chlorantraniliprole 18.5 SC	150 ml	8.30 (2.88)[c]
Untreated check	--	6.14 (2.48)[d]
SEd		0.0314
CD (0.05)		0.1645

*Mean of three replications

Os valores entre parênteses são valores transformados em raiz quadrada
Numa coluna, as médias seguidas da(s) mesma(s) letra(s) não são significativamente diferentes entre si por DMRT (P=0,05)

WG @ 100 g/ha (9,00 q/ha), Emamectin 5 SG @ 220 g/ha (9,00 q/ha), chlorantraniliprole 18,5 SC @ 150 ml/ha (8,30 q/ha), spinosad 45 SC @ 125 ml/ha (8,22 q/ha) e lufenuron 5 EC @ 600 ml/ha (8,10 q/ha).

B. Experiências laboratoriais

4.7. Toxicidade aguda do benzoato de emamectina 5 WG contra o terceiro instar de *H. armigera* através do método de imersão de vagens de grama vermelha

Os valores LC_{50} e LC_{90} de Emamectin 5 WG estimados através do método de imersão em vagens para o terceiro instar de *H. armigera* foram 0,0096 e 0,0850 por cento, 0,0045 e 0,0271 por cento e 0,0010 e 0.0103 por cento (Tabela 19) em 12, 24 e 48 h após o tratamento, respetivamente, enquanto o Emamectin 5 SG teve LC_{50} e LC_{90} de 0,0154 e 0,0870 por cento (12 h), 0,0106 e 0,0354 por cento (24 h) e 0,0034 e 0,0205 por cento (48 h). O Emamectin 5 WG foi mais tóxico do que o clorantraniliprole 18.5 SC em 2,22, 3,62 e 7,30 vezes às 12, 24 e 48 horas após os tratamentos. A toxicidade foi na ordem de Emamectin 5

WG > Emamectin 5 SG > Chlorantraniliprole 18.5 SC. Os valores de LT_{50} e LT_{90} foram 9,25 e 26,83, 9,92 e 28,36 e 12,43 e 54,47 h para Emamectina 5 WG @ 0,025%, Emamectina 5 SG @ 0,045% e Clorantraniliprole 18,5 SC @ 0,030%, respetivamente (Tabela 20).

4.8. Toxicidade persistente do benzoato de emamectina 5 WG para *H. armigera* em plantas de grama-vermelha

Os resultados da toxicidade persistente (Quadro 21) revelaram que o Emamectin 5 WG @ 100, 125 e 150 g/ha aplicado em plantas de grama vermelha com 120 dias de idade, separadamente, registou uma mortalidade de cento por cento para o terceiro instar de *H. armigera*, que foi observada até 5 DAT, enquanto que o Emamectin 5 SG @ 220 g/ha causou uma mortalidade de cento por cento até 3 DAT. Mais de 50 por cento de mortalidade foi observada em Emamectin 5WG @ 150, 125 e 100 g/ha até 11 DAT, enquanto que até 9 DAT para Emamectin 5 SG @ 220 g/ha, chlorantroniliprole 18.5 SC @ 150 ml/ha, spinosad 45 SC @ 125 ml/ha e lufenuron 5 EC @ 600 ml/ha. Houve uma redução na mortalidade de larvas *de H. armigera* à medida que o tempo aumentou e não houve mortalidade após 17 DAT em Emamectin 5 SG @ 220 g/ha, lufenuron 5 EC @ 600 ml/ha, spinosad 45 SC @ 125 ml/ha e chlorantroniliprole 18.5 SC @ 150 ml/ha. A persistência do Emamectin 5 WG @ 150 g/ha foi até 19 DAT (10,4%) e 17 DAT (10,5 e 8,3%) para 125 e 100 g/ha. A ordem de eficácia relativa (ORE) dos insecticidas com base nos valores do índice de toxicidade persistente (PTI) foi a seguinte: Emamectina 5 WG @ 150 g/ha > Emamectina 5 WG @ 125 g/ha > Emamectina 5 WG @ 100 g/ha > Emamectina 5 SG @ 220 g/ha > Clorantroniliprole 18.5 SC @ 150 ml/ha > Espinosade 45 SC @ 125 ml/ha > Lufenurão 5 EC @ 600 ml/ha.

Quadro 19. Toxicidade aguda do benzoato de emamectina 5 WG contra o terceiro instar de *H. armigera* em grama vermelha (método de imersão em vagens)

Insecticides	LC_{50} (%)	LC_{90} (%)	χ^2	Regression equation (Y = a + bX)	Relative Toxicity (LC_{50})
12 hours after treatment					
Emamectin 5WG	0.0096 (0.0068 - 0.0135)	0.0850 (0.0465 – 0.1312)	3.9107	Y = 2.3345 + 1.3426X	2.22
Emamectin 5SG	0.0154 (0.0107 – 0.0221)	0.0870 (0.0551 – 0. 1628)	1.6492	Y = 1.2203 + 1.7276X	1.38
Chlorantraniliprole 18.5 SC	0.0213 (0.0176 – 0.0258)	0.1137 (0.0618 – 0.2092)	2.6235	Y = 0.8887 + 1.7646X	1.00
24 hours after treatment					
Emamectin 5WG	0.0045 (0.0028 – 0.0073)	0.0271 (0.0203 – 0.0362)	4.4352	Y = 2.2539 + 1.6545X	3.62
Emamectin 5SG	0.0106 (0.0072 – 0.0157)	0.0354 (0.0292 – 0.0427)	0.6315	Y = 0.0024 + 2.4632X	1.54
Chlorantraniliprole 18.5 SC	0.0163 (0.0131 – 0.0202)	0.0732 (0.0482 – 0.1110)	2.4885	Y = 0.6488 + 1.9663X	1.00
48 hours after treatment					
Emamectin 5WG	0.0010 (0.0002 – 0.0046)	0.0103 (0.0067 – 0.0159)	0.5789	Y = 3.6832 + 1.2890X	7.30
Emamectin 5SG	0.0034 (0.0008 – 0.0141)	0.0205 (0.0141 – 0.0297)	0.1777	Y = 2.4452 + 1.6589X	2.15
Chlorantraniliprole 18.5 SC	0.0073 (0.0044 – 0.0120)	0.0360 (0.0274 – 0.0473)	5.1957	Y = 1.5518 + 1.8496X	1.00

Todas as linhas têm um ajuste significativamente bom a P= 0,05; os valores entre parêntesis são os limites inferior e superior Fiducial

$$\text{Relative Toxicity (RT)} = \frac{LC_{50}\text{ value of check insecticide}}{LC_{50}\text{ value of test insecticide}}$$

Tabela 20. Toxicidade aguda de doses de campo de insecticidas contra o terceiro instar de *H. armigera* em grama vermelha (método de imersão em vagens)

Insecticides	Concentration (%)	LT_{50} (hrs)	LT_{90} (hrs)	χ^2	Regression equation (Y = a + bX)
Emamectin 5 WG	0.025	9.25 (7.46 – 11.47)	26.83 (20.84– 34.56)	1.9318	Y = 2.3213 + 2.7718X
Emamectin 5SG	0.045	9.92 (8.22 – 11.97)	28.36 (23.05 – 39.95)	4.0094	Y = 1.9319 + 3.0780X
Chlorantraniliprole 18.5 SC	0.030	12.43 (10.39 – 16.83)	54.47 (38.01 – 80.96)	3.4545	Y = 2.6913 + 2.0585X

Todas as linhas têm um ajuste significativamente bom a P= 0,05

Os valores entre parêntesis são os limites inferior e superior Fiducial

Quadro 21. Toxicidade persistente do benzoato de emamectina 5 WG para *H. armigera* em grama-vermelha

Treatments	Doses (g/ml ha^{-1})	Per cent larval mortality at different exposure periods (days)											P	T	PTI	ORE
		1	3	5	7	9	11	13	15	17	19	21				
Emamectin 5 WG	100	100	100	100	83.5	68.4	56.8	32.7	17.1	8.3	0	0	17	63.00	1071.0	3
Emamectin 5 WG	125	100	100	100	86.0	70.6	59.4	35.5	20.6	10.5	0	0	17	64.73	1100.4	2
Emamectin 5 WG	150	100	100	100	97.4	82.7	65.8	48.6	38.5	19.3	10.4	0	19	66.27	1259.1	1
Emamectin 5 SG	220	100	100	88.4	77.6	58.7	38.1	20.8	10.2	0	0	0	15	61.72	925.8	4
Lufenuron 5 EC	600	100	94.7	79.8	69.5	51.5	31.7	12.4	6.0	0	0	0	15	55.70	835.5	7
Spinosad 45 SC	125	100	95.6	82.6	71.7	54.8	34.2	15.8	6.4	0	0	0	15	57.63	864.4	6
Chlorantroniliprole 18.5 SC	150	100	96.1	85.1	75.4	57.6	36.8	18.7	9.5	0	0	0	15	59.90	898.5	5

P - Period for which toxicity persisted (days)
T - Average residual toxicity
PTI- Persistent toxicity index (PTI = P x T)
ORE - Order of relative efficacy

4.9. Avaliação da segurança do benzoato de emamectina 5WG para inimigos naturais

4.9.1. Efeito do benzoato de emamectina 5 WG no parasitoide de ovos, *Trichogramma chilonis* (Ishii)

O tratamento com Emamectin 5 WG @ 100, 125 e 150 g/ha em cartões de ovos parasitados com um dia de idade (estágio de ovo) de *T. chilonis* resultou na emergência de adultos de 87,78, 86,13 e 83,10 por cento, enquanto foi de 85,25, 84,11 e 81,83 por cento e 90,36, 88,92 e 86,21 por cento quando cartões de ovos parasitados com três (estágio larval) e sete dias de idade (estágio de pupa) de *T. chilonis* foram tratados com as mesmas dosagens. O benzoato de emamectina 5 SG @ 220 g/ha registou 79,85, 78,12 e 82,25% de emergência de adultos, respetivamente, quando tratados nas fases de ovo, larva e pupa, seguido do lufenurão 5 CE @ 600 ml/ha (75,05, 70,94 e 78,20% nas fases de ovo, larva e pupa, respetivamente) (Quadro 22). No entanto, os ovos de *T. chilonis* tratados com clorantroniliprole 18,5 SC @ 150 ml/ha e espinosade 45 SC @ 125 ml/ha obtiveram uma emergência mínima de adultos de 31,14, 28,23 e 28,94 e 17,36, 13,04 e 14,12% nas fases de ovo, larva e pupa, respetivamente. A *T. chilonis* não tratada registou 94,52, 95,26 e 94,73% de emergência de adultos nas fases de ovo, larva e pupa, respetivamente.

A maior parasitização (de 93,20 a 94,13%) foi registada no controlo não tratado, que foi significativamente superior a outros tratamentos, seguido por Emamectin 5 WG @ 100 g/ha (85,21, 83,93 e 89,12%) quando a carta de ovos foi tratada durante as fases de ovo, larva e pupa, respetivamente, que foi a par com Emamectin 5 WG @ 125 (83,98, 82,47 e 87,26%) e 150 g/ha (81,14, 80,11 e 84,84%). A porcentagem de parasitismo nos ovos tratados com Emamectin 5 SG @ 220 g/ha foi de 76,04 a 80,27 por cento, enquanto foi de 66,81 a 75,32 por cento em lufenuron 5 EC @ 600 ml/ha. A porcentagem de parasitização foi mais baixa em spinosad 45 SC @ 125 ml/ha (8,15 a 10,25%) e clorantroniliprole 18,5 SC @ 150 ml/ha (21,33 a 25,42%). Emamectina 5 WG @ 100, 125 e 150 g/ha, Emamectina 5 SG @ 220 g/ha e lufenuron 5 EC @ 600 ml/ha foram classificados como insecticidas inofensivos (Quadro 22).

4.9.2. Efeito do benzoato de emamectina 5 WG contra *C. zastrowi sillemi* (Esben - Petersen)

4.9.2.1. Efeito do benzoato de emamectina 5 WG na eclodibilidade dos ovos

A maior eclodibilidade de ovos foi registada em Emamectin 5 WG @ 100 g/ha (93,33%) e 125 g/ha (91,00%), seguido de Emamectin 5 WG @ 150 g/ha (87,67%) e Emamectin 5 SG @ 220 g/ha (79,67%). Os tratamentos seguintes que registaram um nível moderado de eclosão de ovos foram spinosad 45 SC @ 125 ml/ha (74,00%), lufenuron 5 EC @ 600 ml/ha (72,33%) e chlorantraniliprole 18,5 SC @ 150 ml/ha (70,67%). A maior eclodibilidade de ovos foi registada no controlo não tratado (99,67%) (Quadro 23).

4.9.2.2. Efeito da Emamectina 5 WG na longevidade dos adultos e na fecundidade de *C. zastrowi sillemi*

Os estudos realizados sobre o efeito do Emamectin 5 WG na longevidade dos adultos e na fecundidade de *C. zastrowi sillemi* revelaram que a longevidade dos adultos durou 14,70 dias no controlo não tratado, seguido de 12,60, 11,33, 10,20 e 9,15 dias no Emamectin 5 WG @ 100, 125 e 150 g/ha e Emamectin 5 SG @ 220 g/ha, respetivamente (Tabela 23). Foi registado um nível moderado de longevidade dos adultos com spinosad 45 SC @ 125 ml/ha (8,00 dias), lufenuron 5 EC @ 600 ml/ha (7,33 dias) e chlorantraniliprole 18,5 SC @ 150 ml/ha (7,00 dias).

O número de ovos postos por cinco fêmeas também foi maior no controlo não tratado (348,33 ovos), seguido por Emamectin 5 WG @ 100 (148,33 ovos), 125 (142,00 ovos), 150 g/ha (140,67 ovos) e Emamectin 5 SG @ 220 g/ha (122,23 ovos). A fecundidade foi baixa em spinosad 45 SC @ 125 ml/ha, lufenuron 5 EC @ 600 ml/ha e chlorantraniliprole 18,5 SC @ 150 ml/ha que registaram 112,00, 110,67 e 108,00 ovos/cinco fêmeas, respetivamente (Quadro 23).

4.9.2.3. Efeito da Emamectina 5 WG nas larvas de *C. zastrowi sillemi*

4.9.2.3.1. Método de contaminação dos alimentos

A mortalidade do segundo instar de *C. zastrowi sillemi* variou de 3,33 a 5,33 (12 horas após o tratamento) e de 10,67 a 13,00 (24 horas após o tratamento) por cento quando foram alimentados com ovos de *C. cephalonica* tratados com Emamectin 5 WG @ 100, 125 e 150 g/ha (Tabela 24). Às 48 HAT, a mortalidade de larvas registada com o Emamectin 5 WG @ 100, 125 e 150 g/ha foi de 14,00, 16,67 e 18,67 por cento, respetivamente, que foram iguais entre si. Emamectin 5 SG @ 220 g/ha, lufenuron 5 EC @ 600 ml/ha, spinosad 45 SC @ 125 ml/ha e chlorantraniliprole 18.5 SC @ 150 ml/ha foram relativamente mais tóxicos, registando uma mortalidade de larvas superior a 27 por cento.

A porcentagem de pupação foi alta nos tratamentos de Emamectin 5 WG @ 100 (92,50%), 125 (90,60%) e 150 g/ha (88,25%), seguido por Emamectin 5 SG @ 220 g/ha (80,50%), spinosad 45 SC @ 125 ml/ha (74,25%), lufenuron 5 EC @ 600 ml/ha (71,40%) e chlorantraniliprole 18,5 SC @ 150 ml/ha (68,82%). A mesma tendência foi observada na emergência de adultos também (Tabela 24).

Tabela 22. Efeito do benzoato de emamectina 5 WG nos estádios imaturos do parasitoide de ovos, *T. chilonis* Ishii, na emergência e parasitismo dos adultos

Treatments	Doses (g/ml ha^{-1})	Egg stage (1 days old egg)*		Larval stage (3 days old egg)*		Pupal stage (7 days old egg)*	
		Adult emergence (%)	Parasitization (%)	Adult emergence (%)	Parasitization (%)	Adult emergence (%)	Parasitization (%)
Emamectin benzoate 5 WG	100	87.78 (69.54)^b	85.21 (67.39)^b	85.25 (67.42)^b	83.93 (66.37)^b	90.36 (71.92)^b	89.12 (70.74)^b
Emamectin benzoate 5 WG	125	86.13 (68.78)^b	83.98 (66.39)^b	84.11 (66.48)^b	82.47 (65.25)^b	88.92 (70.19)^b	87.26 (69.14)^b
Emamectin benzoate 5 WG	150	83.10 (66.11)^{bc}	81.14 (64.18)^b	81.83 (64.57)^{bc}	80.11 (63.61)^{bc}	86.21 (68.44)^b	84.84 (66.75)^b
Emamectin benzoate 5 SG	220	79.85 (63.24)^c	76.18 (60.78)^c	78.12 (62.29)^c	76.04 (60.61)^c	82.25 (65.18)^c	80.27 (63.77)^c
Lufenuron 5 EC	600	75.03 (60.02)^d	71.86 (57.96)^d	70.94 (57.38)^d	66.81 (54.82)^d	78.20 (62.17)^d	75.32 (60.21)^d
Spinosad 45 SC	125	17.36 (24.62)^f	10.25 (18.67)^f	13.04 (21.17)^f	8.15 (16.58)^f	14.12 (22.07)^f	9.41 (17.86)^f
Chlorantroniliprole 18.5 SC	150	31.14 (33.92)^e	25.42 (30.28)^e	28.23 (32.09)^e	21.33 (27.51)^e	28.94 (32.55)^e	22.10 (28.04)^e
Untreated check	--	94.52 (76.48)^a	93.20 (74.90)^a	95.26 (77.44)^a	94.13 (75.99)^a	94.73 (76.75)^a	93.48 (75.22)^a

* Mean of three replications

Os valores entre parênteses são valores transformados em arco-seno
Numa coluna, as médias seguidas de uma letra comum não são significativamente diferentes pelo DMRT (P = 0,05)

Quadro 23. Efeito do benzoato de emamectina 5 WG em ovos e adultos de *C. zastrowi sillemi*

Treatments	Doses (g/ml ha^{-1})	Egg hatchability* (%)	Adults**	
			Adult longevity (days)	Fecundity No. of eggs laid / five female
Emamectin benzoate 5 WG	100	93.33 (75.04)^{ab}	12.60 (3.62)^{b}	148.33 (13.24)^{b}
Emamectin benzoate 5 WG	125	91.00 (72.54)^{ab}	11.33 (3.44)^{b}	142.00 (11.91)^{b}
Emamectin benzoate 5 WG	150	87.67 (69.44)^{b}	10.20 (3.27)^{b}	140.67 (11.64)^{b}
Emamectin benzoate 5 SG	220	79.67 (63.56)^{c}	9.15 (3.10)^{c}	122.33 (11.08)^{c}
Lufenuron 5 EC	600	72.33 (57.51)^{d}	7.33 (2.80)^{d}	110.67 (10.51)^{d}
Spinosad 45 SC	125	74.00 (58.75)^{d}	8.00 (2.91)^{d}	112.00 (10.60)^{d}
Chlorantroniliprole 18.5 SC	150	70.67 (56.18)^{d}	7.00 (2.74)^{d}	108.00 (10.41)^{d}
Untreated check	--	99.67 (85.63)^{a}	14.70 (3.81)^{a}	348.33 (18.67)^{a}

Os valores entre parênteses são valores transformados em arco-seno; ** Os valores entre parênteses são raízes quadradas valores transformados; Numa coluna, as médias seguidas da(s) mesma(s) letra(s) não são significativamente diferentes entre si por DMRT (P=0,05)

Tabela 24. Efeito do benzoato de emamectina 5 WG nas larvas de *C. zastrowi sillemi* por contaminação alimentar e película seca

Treatments	Doses (g/ml/ ha)	Food contamination method*			Pupation (%)	Adult emergence (%)	Dry film method*			Pupation (%)	Adult emergence (%)
		Mortality (%)					Mortality (%)				
		12 HAT	24 HAT	48 HAT			12 HAT	24 HAT	48 HAT		
Emamectin 5 WG	100	3.33 (10.22)^{b}	10.67 (19.46)^{b}	14.00 (21.68)^{b}	92.50 (74.11)^{b}	91.24 (72.78)^{b}	4.00 (11.51)^{b}	11.33 (19.66)^{b}	15.00 (22.78)^{b}	91.21 (72.75)^{b}	90.67 (72.21)^{b}
Emamectin 5 WG	125	4.67 (12.56)^{b}	11.33 (19.78)^{b}	16.67 (24.23)^{b}	90.60 (72.14)^{b}	89.36 (70.96)^{b}	5.33 (13.33)^{b}	13.00 (21.12)^{b}	18.33 (25.34)^{b}	88.56 (70.23)^{b}	87.00 (68.86)^{b}
Emamectin 5 WG	150	5.33 (13.45)^{b}	13.00 (21.15)^{b}	18.67 (25.77)^{b}	88.25 (69.95)^{b}	86.10 (68.11)^{bc}	7.67 (16.04)^{b}	14.33 (22.24)^{b}	20.67 (27.02)^{b}	87.17 (69.01)^{b}	85.33 (67.45)^{b}
Emamectin 5 SG	220	8.67 (17.22)^{c}	18.67 (25.75)^{c}	27.67 (31.70)^{c}	80.50 (63.14)^{c}	78.12 (61.93)^{c}	10.00 (18.43)^{c}	20.33 (26.79)^{c}	37.33 (38.34)^{c}	80.15 (63.19)^{c}	77.58 (60.63)^{c}
Lufenuron 5 EC	600	16.67 (24.20)^{d}	26.33 (30.92)^{d}	35.00 (36.30)^{d}	71.40 (57.72)^{de}	68.30 (55.66)^{de}	17.33 (24.59)^{d}	27.67 (32.08)^{d}	43.33 (41.69)^{de}	71.36 (57.66)^{e}	67.32 (57.85)^{e}
Spinosad 45 SC	125	15.67 (23.55)^{d}	25.00 (29.97)^{d}	34.33 (25.78)^{d}	74.25 (59.20)^{d}	71.32 (57.21)^{d}	15.00 (22.78)^{d}	26.00 (30.65)^{d}	41.00 (40.22)^{d}	73.22 (58.22)^{d}	70.39 (56.23)^{d}
Chlorantronilipr ole 18.5 SC	150	19.33 (26.44)^{e}	28.00 (31.86)^{de}	40.33 (39.52)^{e}	68.82 (55.78)^{de}	66.05 (54.10)^{de}	19.00 (25.83)^{d}	30.67 (33.62)^{de}	45.00 (43.78)^{e}	69.56 (56.94)^{e}	65.89 (54.03)^{e}
Untreated check	--	0.00 (0.28)^{a}	0.00 (0.28)^{a}	0.00 (0.28)^{a}	100.00 (90.00)^{a}	100.00 (90.00)^{a}	0.00 (0.28)^{a}	0.00 (0.28)^{a}	0.00 (0.28)^{a}	100.00 (90.00)^{a}	100.00 (90.00)^{a}

*Mean of three replications; HAT – Hours after treatment

Os valores entre parênteses são valores transformados em arco-seno
Numa coluna, as médias seguidas da(s) mesma(s) letra(s) não são significativamente diferentes entre si por DMRT (P=0,05)

4.9.2.3.2. Método da película seca

O Emamectin 5 WG @ 100 g/ha foi significativamente superior ao registar a menor mortalidade de larvas através da exposição ao método de película seca (4,00, 11,33 e 15,00%) e foi equiparado ao Emamectin 5 WG @ 125 (5.33, 13.00 e 18.33%) e 150 g/ha (7.67, 14.33 e 20.67%), às 12, 24 e 48 h após o tratamento, respetivamente, seguido do Emamectin 5 SG @ 220 g/ha (10.00, 20.33 e 37.33%) (Tabela 24).

Lufenuron 5 EC @ 600 ml/ha (17.33, 27.67 e 43.33%), spinosad 45 SC @ 125 ml/ha (15.00, 26.00 e 41.00%) e chlorantraniliprole 18.5 SC @ 150 ml/ha (19.00, 30.67 e 45.00%) foram moderadamente tóxicos para as larvas enquanto não houve mortalidade no controlo. A percentagem de pupas foi mais elevada no controlo não tratado (100,00%), enquanto o Emamectin 5 WG @ 100, 125 e 150 g/ha registou 91,21 a 87,17% e outros controlos padrão registaram 80,15 a 69,56% de pupas. A mesma tendência também foi observada na emergência de adultos (Tabela 24).

4.9.3. Avaliação da toxicidade da Emamectina 5 WG para as abelhas *A. cerana indica* e *A. mellifera*

A toxicidade de contacto do Emamectin 5 WG para as abelhas indianas mostrou que não houve mortalidade no Emamectin 5 WG @ 100 e 125 g/ha, enquanto o Emamectin 5 WG @ 150 g/ha causou

10,00 por cento às 6 HAT. O Emamectin 5 SG @ 220 g/ha e o lufenuron 5 EC @ 600 ml/ha registaram 13,33 e 20,00 por cento, respetivamente. No entanto, o clorantroniliprole 18,5 SC @ 150 ml/ha e o spinosad 45 SC @ 125 ml/ha registaram mais de 30,00 por cento de mortalidade às 6 HAT (Quadro 25). A dose mais baixa de Emamectin 5 WG @ 100 g/ha registou a menor mortalidade de *A. cerana indica* de 3,33 e 6,67 por cento às 12 e 24 h após o tratamento, seguida de Emamectin 5 WG @ 125 g/ha (6,67 e 16,67%) e Emamectin 5 WG @ 150 g/ha (16,67 e 23,33), respetivamente. Emamectina 5 SG @ 220 g/ha (20,00 e 26,67%) e lufenuron 5 EC @ 600 ml/ha (26,67 e 30,00%) foram igualmente tóxicos, seguidos por clorantroniliprole 18,5 SC @ 150 ml/ha (36,67 e 50,00%) e spinosad 45 SC @ 125 ml/ha (60,00 e 70,00%) às 12 e 24 h após o tratamento.

A maior mortalidade de abelhas italianas foi observada em spinosad 45 SC @ 125 ml/ha (50,00, 63,33 e 76,67%) em 6, 12 e 24 HAT, respetivamente Enquanto a menor mortalidade foi observada em Emamectin 5 WG @ 100 g/ha em 6, 12 e 24 HAT (0.00, 6,67 e 10,67%), seguido por Emamectin 5 WG @ 125 g/ha (3,33, 10,00 e 10,67%) e Emamectin 5 WG @ 150 g/ha (13,33, 20,00 e 26,6%) (Tabela 25). Emamectina 5 SG @ 220 g/ha (20,00, 26,67 e 33,33%), lufenuron 5 EC @ 600 ml/ha (30,00, 36,67 e 40,00%) e clorantroniliprole 18,5 SC @ 150 ml/ha (36,67, 43,33 e 50,00 %) foram seguros para a abelha italiana em 6, 12 e 24 HAT.

4.9.4. Avaliação da toxicidade do benzoato de emamectina 5 WG para o verme da terra, *Eudrilus eugeniae* (Kinberg)

A toxicidade do Emamectin 5 WG para minhocas mostrou que houve menor mortalidade no Emamectin 5 WG @ 100 g/ha (2,22%), seguido pelo Emamectin 5 WG @ 125 (6,67%), 150 g/ha (13,7%) e Emamectin 5 SG @ 220 g/ha (17,88%) aos 7 DAT. Lufenuron 5 EC @ 600 ml/ha, chlorantroniliprole 18.5 SC @ 150 ml/ha e spinosad 45 SC @ 125 ml/ha foram ligeiramente tóxicos com a mortalidade de 22.22, 28.87 e 31.11 por cento, respetivamente (Tabela 25).

Aos 14 DAT, a exposição às doses mais baixas de Emamectin 5 WG @ 100 e 125 g/ha foram iguais entre si e registaram uma mortalidade de 13,33 por cento, seguida de Emamectin 5 WG @ 150 g/ha (20,00%) e Emamectin 5 SG @ 220 g/ha (26,67%). Lufenuron 5 EC @ 600 ml/ha, chlorantroniliprole 18.5 SC @ 150 ml/ha e spinosad 45 SC @ 125 ml/ha foram ligeiramente tóxicos (33.33, 40.00 e 44.44%) aos 14 DAT (Tabela 25).

Quadro 25. Efeito do benzoato de emamectina 5 WG em duas espécies de abelhas melíferas e minhocas

Treatments	Doses (g/ml/ha)	Mortality (%)*							
		Indian bee			Italian bee			Earthworm in soil	
		Hours after treatment						Days after treatment	
		6	12	24	6	12	24	7	14
Emamectin benzoate 5 WG	100	0.00 (0.28)^{a}	3.33 (10.49)^{b}	6.67 (14.96)^{b}	0.00 (0.28)^{a}	6.67 (14.96)^{b}	10.00 (18.43)^{b}	2.22 (8.54)^{b}	13.33 (22.14)^{b}
Emamectin benzoate 5 WG	125	0.00 (0.28)^{a}	6.67 (14.96)^{c}	16.67 (24.10)^{c}	3.33 (10.49)^{b}	10.00 (18.43)^{c}	16.67 (24.10)^{c}	6.67 (14.96)^{c}	13.33 (22.14)^{b}
Emamectin benzoate 5 WG	150	10.00 (18.43)^{b}	16.67 (24.10)^{d}	23.33 (28.88)^{d}	13.33 (21.41)^{c}	20.00 (26.56)^{d}	26.67 (31.09)^{d}	11.11 (19.47)^{d}	20.00 (26.56)^{c}
Emamectin benzoate 5 SG	220	13.33 (21.41)^{c}	20.00 (26.56)^{e}	26.67 (31.09)^{e}	20.00 (26.56)^{d}	26.67 (31.09)^{e}	33.33 (35.26)^{e}	17.78 (24.94)^{e}	26.67 (31.09)^{d}
Lufenuron 5 EC	600	20.00 (26.56)^{d}	26.67 (31.09)^{f}	30.00 (33.21)^{f}	30.00 (33.21)^{e}	36.67 (37.27)^{f}	40.00 (39.23)^{f}	22.22 (28.12)^{f}	33.33 (35.236)^{e}
Spinosad 45 SC	125	46.67 (43.09)^{f}	60.00 (50.77)^{h}	70.00 (56.79)^{h}	50.00 (45.00)^{g}	63.33 (52.73)^{h}	76.67 (61.12)^{h}	31.11 (33.90)^{h}	44.44 (41.81)^{g}
Chlorantroniliprole 18.5 SC	150	30.00 (33.21)^{e}	36.67 (37.27)^{g}	50.00 (45.00)^{g}	36.67 (37.27)^{f}	43.33 (41.17)^{g}	50.00 (45.00)^{g}	28.87 (32.50)^{g}	40.00 (39.23)^{f}
Untreated check	--	0.00 (0.28)^{a}	0.00 (0.28)^{a}	3.33 (10.49)^{a}	0.00 (0.28)^{a}	0.00 (0.28)^{a}	3.33 (10.49)^{a}	0.00 (0.28)^{a}	2.22 (8.53)^{a}

* Mean of three replications

Os valores entre parênteses são valores transformados em arco-seno
Numa coluna, as médias seguidas de letra(s) comum(ns) não são significativamente diferentes entre si pelo DMRT (P = 0,05)

CAPÍTULO V

DISCUSSÃO

A utilização indiscriminada de insecticidas, o desenvolvimento de resistência por parte dos insectos e os efeitos nocivos para o ambiente e os inimigos naturais abriram uma nova era de insecticidas ecológicos, com um novo modo de ação e uma maior bioeficácia contra os insectos visados. Um desses insecticidas é o benzoato de emamectina 5 WG com proteção UV, pertencente ao grupo das avermectinas, desenvolvido pela M/s Syngenta (India) Ltd. É superior ao benzoato de emamectina 5 SG, já existente, no que respeita ao aumento da eficácia contra as lagartas de lepidópteros e é relativamente seguro para os organismos não visados.

No presente estudo, o benzoato de emamectina 5 WG @ 7,5 g a.i/ha (150 g/ha) reduziu a população de larvas *de H. armigera* em redgrama até 85 por cento. No entanto, o mesmo inseticida pode ser capaz de provocar uma mortalidade superior a 80% da população de *H. armigera* no quiabeiro com uma dose inferior de 125 g/ha (Parthiban *et al.,* 2014). A disparidade na eficácia do Emamectin 5 WG numa única praga em dois hospedeiros diferentes não é irracional, uma vez que a influência do hospedeiro (cobertura do dossel, pH da folha e aleloquímicos produzidos pelas plantas hospedeiras) pode ser responsável pela eficácia variada. A influência sazonal associada a uma maior taxa de murchidão e dissipação do Emamectin 5 WG pode ter decidido a eficácia e a dose efectiva de campo contra *H. armigera* de cultura para cultura. O nível de suscetibilidade da *H. armigera* ao Emamectin 5 WG pode variar de um ecossistema de culturas para outro, o que é decidido pela nutrição das culturas e pelo nível de atividade enzimática das pragas. A eficácia de campo do Emamectin 5 SG foi inferior à do Emamectin 5 WG na gestão da população de *H. armigera* no grama-vermelho e causou uma redução de mais de 80% na população apenas a 11g a.i/ha (220 g/ha). A dose efetiva de campo de Emamectin 5 SG na supressão da população de *H. armigera* variou de 8,10 g a.i/ha a 13,00 g a.i/ha em diferentes culturas agrícolas e hortícolas, incluindo 8,1 e 9,4 g a.i/ha em redgrama (Barad *et al.,* 2013), 11,00 g a.i/ha em redgrama (Meena *et al.,* 2006; Dodia *et al.,* 2009), tomate (Murugaraj *et al,* 2006) e grão-de-bico (Raghavani e Poshiya, 2006), 13,00 g a.i/ha em grão-de-bico (Kambrekar *et al.,* 2012), 11,00 a 13,00 g a.i/ha em quiabo (Govindan *et al,* 2012), 10,00 g a.i/ha em quiabo e pimentão (Shobanadevi, 2003) e tomate (Suganyakanna *et al.,* 2005), 8,50 a 11,00 g a.i/ha em quiabo (Bheemanna *et al.,* 2005) e 12,00 g a.i/ha em algodão (Achallke *et al.,* 2009).

A necessidade de diferentes quantidades de ingrediente ativo para suprimir a *H. armigera* em diferentes culturas deve-se à influência varietal, à população geográfica do inseto e à segurança para os inimigos naturais. A eficácia no terreno dos produtos químicos de controlo, como o lufenurão 5 EC @ 30 g a.i/ha (600 ml/ha), o espinosade 45 SC @ 56 g a.i/ha (125 ml/ha) e o clorantraniliprole 18,5 SC @ 30 g a.i/ha (150 ml/ha) sobre a população de *H. armigera* em grama-vermelha foi bem demonstrado por vários autores, incluindo Bhoyar *et al.* (2004), Sreekanth e Seshamahalakshmi (2012) e Sreekanth *et al.* (2014)

em grama-vermelha e Kumar e Prasad (2002) em grão-de-bico, que foram inferiores ao Emamectin 5 WG.

A redução máxima da população de *M. vitrata* e *E. zinckenella* também foi possível no redgram na dose de 7,50 g a.i/ha (150 g/ha) de Emamectin 5 WG, que foi superior ao Emamectin 5 SG @ 11g a.i/ha (220 g/ha), lufenuron 5 EC @ 30 g a.i/ha (600 ml/ha), spinosad 45 SC @ 56 g a.i/ha (125 ml/ha) e chlorantraniliprole 18.5 SC @ 30 g a.i/ha (150 ml/ha). A redução da população do complexo da broca da vagem reflectiu-se na redução apreciável dos danos nas vagens do grama vermelho na dose de campo de 7,5 g a.i/ha (150 g/ha) de Emamectin 5 WG, o que também foi bem demonstrado por outros autores, incluindo Nishantha *et al.* (2009), Priyadarshini *et al.* (2013) e Sreekanth *et al.* (2014) em vagens de redgrama, Bheemanna *et al.* (2005) e Govindan *et al.* (2011a) em quiabo, Prakash e Tomar (2009) em cápsulas de algodão e Murugaraj *et al.* (2006) em frutos de tomate.

Registou-se uma diminuição considerável da população de coccinelídeos inicialmente em todas as doses de Emamectin 5 WG, tendo posteriormente começado a aumentar, e comparável com o controlo não tratado. Os tratamentos Emamectin 5 WG e Emamectin 5 SG foram mais seguros para os coccinelídeos quando comparados com lufenuron 5 EC, spinosad 45 SC e chlorantraniliprole 18.5 SC. Este facto é corroborado pelos resultados de Fitt *et al.* (2004) e Horowitz e Ishaaya (2004), que referiram que os insecticidas mais recentes eram menos perturbadores para as populações benéficas. A segurança das avermectinas para os inimigos naturais foi referida por Robberson e Tillman (1999) e Udikeri *et al.* (2004) em algodão e quiabo (Acharya *et al.*, 2002). O Emamectin 5 WG a 100 g/ha foi comparativamente menos tóxico para as aranhas. Reis *et al.* (1999) afirmam que a abamectina foi ligeiramente nociva para as aranhas em condições de laboratório e Giribabu *et al.* (2002) concluíram que a abamectina a 15 g a.i. ha^{-1} foi considerada relativamente mais segura para as aranhas.

Doses mais elevadas de Emamectin 5 WG @ 7,5 (150 g/ha) e 15,0 (300 g/ha) g a.i/ha em redgrama em condições de campo não apresentaram qualquer fitotoxicidade e efeitos adversos na cultura de redgrama. Os presentes resultados estão de acordo com os relatórios anteriores, incluindo Emamectin 5 SG @ 200 g/ha em redgrama (Singh e Jeewesh Kumar, 2012), Emamectin 5 SG@ 11.0 e 13.0 g a.i/ha em grama preta (Mahalakshmi *et al.,* 2012), Emamectina 5 SG @ 5,0, 10,0 e 20,0 g a.i/ha em quiabo e pimentão (Shobanadevi, 2003), Emamectina 5 SG (11 e 13 g a.i/ha) em grão-de-bico (Kambrekar *et al,* 2012), Emamectina 5 EC aplicada a 11 e 22 g a.i/ha em plantas de algodão (Raghuraman *et al.,* 2008), Benzoato de Emamectina 10 EC e 5 WSG a 9 g a.i/ha em quiabo (Birah Ajanta e Raghuraman, 2011) em que não foi registado qualquer efeito de fitotoxicidade.

O Emamectin 5 WG @ 6,25 g ai/ha (125 g/ha) registou o maior rendimento de vagens, o que pode ser considerado como uma dose de campo adequada e económica para gerir o complexo de brocas de vagens do grama-vermelha. O aumento do rendimento devido à aplicação foliar de novos insecticidas foi relatado por Meena *et al.* (2006), Dodia *et al.* (2009), Singh e Jeewesh Kumar (2012), Barad *et al.* (2013)

e Wadaskar *et al.* (2013) em redgrama, Raghavani e Poshiya (2006), Deshmukh *et al.* (2010) e Kambrekar *et al.* (2012) em grão-de-bico, Sonune *et al.* (2010) em grama-preta, Bheemanna *et al.* (2005a), Sontakke *et al.* (2007a) e Parthiban (2013) em quiabo e Kulkarni e Adsule (2007) em uvas.

A emamectina 5 WG, embora pertença ao grupo da avermectina, é pouco diferente da emamectina 5 SG, facilmente disponível no mercado sob o nome de Proclaim. O produto existente é menos persistente em condições de campo. A fim de atenuar a eficácia em termos de prolongamento da persistência no terreno, foi desenvolvida uma nova formulação com protetor UV, designada Emamectin 5 WG, que é mais persistente e cujo protetor UV pode atuar como sinérgico e potenciador da proteção da região UV B. Assim, a Emamectina 5 WG parece ser mais eficaz do que a Emamectina 5 SG e outros produtos químicos de controlo no que se refere à gestão do complexo da broca da vagem do grama-vermelha.

De acordo com Shuijin *et al.* (2006), a produção de informações sobre a toxicidade de base de novos insecticidas tornou-se o mandato dos entomologistas para fixar o campo efetivo para a gestão das principais pragas das culturas e também para monitorizar o nível de resistência de vários insectos e o desenvolvimento de tácticas de gestão da resistência.

Os valores de LC_{50} e LC_{90} de Emamectin 5 WG contra *H. armigera* foram 0,0096 e 0,0850, 0,0045 e 0,0271 e 0,0010 e 0,0103 por cento em 12, 24 e 48 h após o tratamento, respetivamente, que foram 4,38 vezes mais tóxicos do que chlorantraniliprole18,5 SC contra *H. armigera* através do método de imersão em vagens. Rashad Rasool Khan *et al.* (2010) relataram que o valor LC_{100} de spinosad 250 SC e indoxacarb 150 SC foi de 300 e 200 ppm, respetivamente, contra *H. armigera.* LC_{30} de metoxifenozida e tiodicarbe contra *H. armigera* foi de 148 e 550 pg/ml (Sabre *et al.,* 2013).

Os valores de LT_{50} e LT_{90} de Emamectin 5 WG foram 9,25 e 26,83 h para *H. armigera* em grama vermelha a 0,025 por cento, o que está em conformidade com Parthiban (2013), que relatou que LT_{50} e LT_{90} de Emamectin 5 WG foram 9,15 e 25,69 h para *H. armigera* em quiabo a 0,025 por cento. Venkateswari *et al.* (2008) também relataram que o valor LT_{50} de Emamectin 5 SG foi de 79,9, 52,3 e 34,8 h para a concentração de 0,6, 0,8 e 1,0 pg/ml, respetivamente, enquanto abamectina 1,8 EC registou 52,8, 31,2 e 22,4 h para a concentração de 20, 25 e 30 µg/ml em *S. litura.*

A toxicidade residual resultante da pulverização foliar de insecticidas pode ser muito importante para indicar o período efetivo durante o qual um inseticida pode persistir na fase biologicamente ativa em condições de campo. A persistência dos insecticidas depende de muitos factores: tipo de inseticida, propriedades físico-químicas do inseticida, dose utilizada, planta hospedeira e factores ambientais.

Foi observada uma mortalidade de cent por cento para o terceiro instar de *H. armigera* até 5 e 3 DAT em Emamectin 5 WG @ 150 g/ha e Emamectin 5 SG @ 220 g/ha, respetivamente. Mais de 50 por cento de mortalidade foi observada no Emamectin 5WG @ 150, 125 e 100 g/ha até 11 DAT onde foi até 9 DAT para Emamectin 5 SG @ 220 g/ha, chlorantroniliprole 18.5 SC @ 150 ml/ha, spinosad 45 SC @

125 ml/ha e lufenuron 5 EC @ 600 ml/ha. A persistência do Emamectin 5 WG @ 150 g/ha foi até 19 DAT (10,4%) e 17 DAT (10,5 e 8,3%) para 125 e 100 g/ha.

Os resultados corroboram as conclusões de Karthik (2013), que referiu que os testes de toxicidade persistente com o benzoato de emamectina 5 WG (180 g/ha) registaram uma mortalidade de cento por cento do terceiro instar de *H. armigera*, que foi observada até 3 dias após o tratamento e mais de 50 por cento de mortalidade foi observada até 9 DAT no algodão. Parthiban (2013) referiu que a persistência do benzoato de emamectina 5 WG era superior à do benzoato de emamectina 5 SG, uma vez que foi formulado com um protetor UV. Brevault *et al.* (2009) relataram que a persistência foi maior para o benzoato de emamectina 5 EC @ 10 g a.i ha^{-1} (10,6 dias), seguido por spinosad 45 SC @ 36 g a.i ha^{-1} (8,9 dias) e indoxacarb @ 25 g a.i ha^{-1} (5,2 dias) em plantas de algodão. Ishaaya *et al.* (2002) relataram que o benzoato de emamectina @ 25 mg a.i.l^{-1} proporcionou 90% de supressão de *H. armigera* até 28 dias. O movimento translaminar dos insecticidas à base de avermectina é a razão da eficácia residual prolongada observada numa série de culturas em condições de estufa e de campo (Jansson e Dybas, 1996).

A utilização extensiva de produtos químicos sintéticos resulta na destruição de organismos não visados diretamente ou quando são transportados e entram no nicho dos organismos. Por conseguinte, devem ser efectuados estudos de segurança sobre parasitóides, predadores e outros organismos benéficos para conhecer a seletividade do benzoato de emamectina 5 WG.

O benzoato de emamectina 5 WG @ 100, 125 e 150 g/ha teve pouco efeito adverso quando tratado na fase de ovo, larva e pupa de *Trichogramma chilonis*. O tratamento de ovos parasitados com todas as doses de benzoato de emamectina 5 WG não causou quaisquer efeitos nocivos aos parasitóides em desenvolvimento, à emergência de adultos e aos adultos emergidos. Assim, conclui-se que a fase larvar foi a mais suscetível aos insecticidas do que as fases de ovo e pupa, uma vez que ambas são fases quiescentes do parasitoide que não se alimentam.

Os resultados das presentes investigações estão de acordo com as descobertas de Shobanadevi (2003), Udikeri *et al.* (2004), Giraddi e Gundannavar (2006), Govindan (2009) e Aiswriya (2010), que relataram que a emamectina era muito segura para o parasitoide *de ovos T. chilonis*. Isso foi apoiado por Karthik (2013), que relatou que o benzoato de Emamectina 5 SG não causou nenhum efeito adverso no surgimento de adultos e na parasitização de *T. chilonis*. No entanto, Sattar *et al.* (2011) revelaram que o benzoato de emamectina mostrou-se ligeiramente prejudicial para as fases de ovo, larva e pupa de *T. chilonis* com base na emergência de adultos. Nian *et al.* (1997) referiram que mesmo o componente B1 mais tóxico da abamectina registou apenas 21% de mortalidade. Dhawan *et al.* (2000) referiram que a utilização de abamectina era segura para *T. chilonis* quando comparada com clorpirifos, metil demetão e quinalfos. Narendra *et al.* (2013) verificaram que a fase larvar era a mais suscetível aos insecticidas, o que pode dever-se ao facto de a fase larvar ser a fase de alimentação do parasitoide e ter todas as possibilidades de acumular uma grande quantidade de inseticida do que as fases de ovo e pupa. A fase de pupa foi considerada relativamente segura, independentemente do tratamento, o que pode dever-se ao facto de não ser a fase de alimentação e de os adultos emergirem no dia seguinte ao tratamento, pelo que o tempo de exposição ao inseticida foi muito menor. O presente estudo revelou que o benzoato de emamectina em doses mais baixas foi menos tóxico para *T. chilonis*. O lufenurão foi considerado inofensivo para a fase de ovo e de pupa e ligeiramente nocivo para a fase larvar de *T. chilonis* (Sattar *et al.*, 2011).

A maior eclodibilidade de ovos de *C. zastrowi sillemi* foi registada pelo Emamectin 5 WG @100 g/ha (93,33%) e 125 g/ha (91,00%). O efeito do Emamectin 5 WG na longevidade dos adultos e na fecundidade de *zastrowi sillemi* revelou que a longevidade dos adultos foi a mais longa e o número de ovos postos por cinco fêmeas também foi maior no controlo não tratado (14,70 dias; 348,33 ovos). Todos os tratamentos com benzoato de emamectina não causaram efeitos adversos na eclosão dos ovos, na longevidade dos adultos e na fecundidade. Este facto está de acordo com Govindan *et al.* (2012), que indicaram que o benzoato de emamectina era relativamente mais seguro para todas as fases da *C. carnea* do que o endossulfão. Experiências realizadas pelo método de contaminação de alimentos e pelo método de película seca para larvas *de C. zastrowi sillemi* revelaram que a menor mortalidade de larvas foi registada na dose mais baixa de Emamectina 5 WG @ 100 g/ha às 48 HAT, seguida de Emamectina 5 WG @ 125 e 150 g/ha. Os presentes resultados corroboram com Karthik (2013), que relatou que a dose mais baixa de benzoato de emamectina 5 SG @7 g a.i/ha foi menos tóxica para *C. carnea* em condições de laboratório.

Os resultados são comparáveis aos de Udikeri *et al.* (2004), que concluíram que o benzoato de emamectina 5 SG (Proclaim®) não tem efeitos nocivos em *C. carnea.* Fitt *et al.* (2004) referiram que os insecticidas bio-racionais são menos prejudiciais para as populações benéficas. Badawy e Arnaouty (1999) referiram que a abamectina era mais segura do que todos os insecticidas convencionais testados para os ovos *de Chrysoperla* na dose recomendada. Aiswariya (2010) também referiu que o benzoato de emamectina tinha um impacto reduzido em *C. carnea.*

Neste estudo, a dose mais baixa de Emamectin 5 WG @ 100 g/ha registou a menor mortalidade de *A. cerana indica* de 3,33 e 6,67 por cento às 12 e 24 h após o tratamento, seguida de Emamectin 5 WG @ 125 g/ha (6,67 e 16,67%) e 150 g/ha (16,67 e 23,33), respetivamente. A mortalidade aumentou à medida que o tempo de exposição aumentou de 6 para 24 HAT. Uma tendência semelhante também foi observada nas abelhas italianas. Assim, o benzoato de emamectina 5 WG pode ser considerado altamente seguro para ambas as espécies de abelhas melíferas do que os insecticidas padrão. Este facto é comparável aos resultados de Govindan (2009), que referiu que o benzoato de emamectina 5 SG era relativamente seguro para as abelhas melíferas (abelha indiana, *A. cerana indica,* abelha italiana, *Apis mellifera* e abelha pequena, *Apis florea)* do que o endossulfão e o espinosade.

Lasota e Dybas (1991) verificaram que os resíduos de abamectina se esgotavam rapidamente e não afectavam as abelhas após 24 a 48 horas de tratamento. A abamectina era tóxica para as abelhas por contacto, mas os resíduos foliares dissipavam-se rapidamente, tornando-se não tóxicos para estas espécies após algumas horas (Kain e Angello, 2001). Karthik (2013) também relatou que o benzoato de emamectina 5 SG era relativamente mais seguro para as abelhas melíferas, *A. cerana indica, A. florae* e *A. mellifera* do que o spinosad.

A toxicidade do Emamectin 5 WG para *E. eugeniae* mostrou que houve menor mortalidade no Emamectin 5 WG @ 100 g/ha (2,22%), seguido pelo Emamectin 5 WG@ 125 (6,67%), 150 g/ha (13,7%) e Emamectin 5 SG @ 220 g/ha (17,88%) aos 7 DAT. Lufenuron 5 EC @ 600 ml/ha, chlorantroniliprole 18.5 SC @ 150 ml/ha e spinosad 45 SC @ 125 ml/ha foram ligeiramente tóxicos com a mortalidade de 22.22, 28.87 e 31.11 por cento, respetivamente. Estes resultados estão de acordo com o relatório de Halley *et al.* (1993) que indicou que as avermectinas eram menos tóxicas para as minhocas no solo. De acordo com Edwards *et al.* (1992), as minhocas não foram afectadas pela avermectina nas fossas de estrume.

CAPÍTULO VI

RESUMO

Os resultados dos estudos realizados nas experiências de campo para avaliar a bioeficácia do benzoato de emamectina 5 WG contra o complexo da broca da vagem do grama-vermelha e os seus inimigos naturais e fitotoxicidade; e as experiências laboratoriais sobre a toxicidade aguda, a persistência e a segurança para os organismos não visados são resumidos a seguir.

- Três rodadas de pulverização de Emamectin 5 WG @ 125 g/ha, com 10 dias de intervalo, começando a partir de 120 ou 125 dias após o dibbling, foram eficazes na redução da população larval de *H. armigera* (5,81 nos./10 plantas; 84,26% e 4,93 nos./10 plantas; 85,67%), *M. vitrata* (4,52 nos./10 plantas; 85,00 e 4,30 nos./10 plantas; 86,23%), *E. zinckenella* (4.26 nos./10 plantas; 85,71 e 4,33 nos./10 plantas; 85,47%) e os seus danos nas vagens (5,74%; 83,63% e 5,77%; 85,27%) em comparação com o controlo não tratado (38,11 e 36,85 nos./10 plantas; 30,85 e 33,74 nos./10 plantas; 30,22 e 31,11 nos./10 plantas e 30,36 e 40,50%) na primeira e segunda época de experiências de campo em grama vermelha
- O Emamectin 5 WG em diferentes doses foi seguro para coccinelídeos e aranhas no grama-vermelho, com uma população média global que variou de 15,00 a 18,11 nos./10 plantas (coccinelídeos) e 14,89 a 16,67 nos./10 plantas (aranhas), respetivamente, em comparação com o controlo não tratado (31,30 e 26,70 nos./10 plantas) na primeira época. A mesma tendência também foi observada na segunda estação
- A aplicação foliar de doses mais elevadas de Emamectina 5 WG (150 e 300 g/ha) não revelou quaisquer sintomas de fitotoxicidade no ruivo
- As parcelas de erva-vermelha tratadas com Emamectina 5 WG @ 100, 125 e 150 g/ha registaram uma maior produção de vagens, variando de 8,43 a 9,67 e 9,00 a 10,10 quintais/ha, em comparação com o controlo não tratado (6,12 e 6,14 q/ha) nas experiências de campo I e II
- Os valores LC_{50} e LC_{90} de Emamectin 5 WG estimados através do método de imersão em vagens de grama vermelha para o terceiro instar de *H. armigera* foram 0,0096 e 0,0850 por cento, 0,0045 e 0,0271 por cento e 0,0010 e 0,0103 por cento em 12, 24 e 48 h, respetivamente. A Emamectina 5 WG foi mais tóxica do que a Emamectina 5 SG em 1,64, 2,35 e 3,40 vezes em 12, 24 e 48 h após os tratamentos. Os valores de LT_{50} e LT_{90} de Emamectin 5 WG (0,025%), Emamectin 5 SG (0,045%) e Chlorantraniliprole 18,5 SC (0,030%) para o terceiro instar de *H. armigera* foram calculados como 9,25 e 26,83, 9,92 e 28,36 e 12,43 e 54,47 h, respetivamente
- Os valores do índice de toxicidade persistente (PTI) do Emamectin 5 WG @ 150, 125 e 100 g/ha contra *H. armigera* no redgram foram 1259.1, 1100.4 e 1071.0 respetivamente, em comparação com os valores do PTI do Emamectin 5 SG (925.8), chlorantroniliprole 18.5 SC (898.5), spinosad 45 SC (864.4) e lufenuron 5 EC (835.5). O Emamectin 5 WG @150 g/ha foi persistente até 19

dias após o tratamento (10,4% de mortalidade), em comparação com 15 dias no Emamectin 5 SG @ 220 g/ha (10,2%)

> O Emamectin 5 WG não causou nenhum efeito adverso no adulto de *T. chilonis.* Emamectin 5 WG @ 100, 125 e 150 g/ha foram menos tóxicos e contribuíram para uma maior emergência de adultos quando tratados na fase de ovo (87,78, 86,13 e 83,10%), larva (85,25, 84,11 e 81,83%) e pupa (90,36, 88,92 e 86,21%) de *T. chilonis.* A fase larvar foi a mais suscetível ao Emamectin 5 WG do que a fase de ovo e de pupa, uma vez que ambas são fases quiescentes e não se alimentam do parasitoide

> Em todas as doses de Emamectin 5 WG, a eclodibilidade dos ovos de *C. zastrowi sillemi* variou entre 70,67 e 99,67 por cento. No método de contaminação alimentar, o Emamectin 5 WG @ 100 g/ha registou uma taxa de pupação muito elevada de 92,50 por cento. A mesma tendência também foi observada no método de película seca

> A emamectina 5 WG e SG foram relativamente mais seguras para as abelhas *(A. cerana indica* e *A. mellifera)* e para as minhocas *(E. eugeniae)* do que o clorantroniliprole, o espinosade e o lufenurão.

REFERÊNCIAS

Abbott, W. S. 1925. Um método para calcular a eficácia de um inseticida. *J. Econ. Entomol.,* **18**: 265-267

Achaleke, J., M. Vassayre e T. Brevault. 2009. Avaliação de alternativas aos piretróides para a gestão dos bollworms do algodão e da resistência nos Camarões. *Expl. Agricultura,* **45**: 35-46

Addison, J. A. e S. B. Holmes. 1995. Comparação de microcosmos de solo florestal e estudos de toxicidade aguda para determinar os efeitos do fenitrotião nas minhocas, *Ecotoxicol. Environ. Saf.,* **30:** 127-133

Ahmad, M., M. I. Arif e Z. Ahmad. 2003. Suscetibilidade de *Helicoverpa armigera* (Lepidoptera: Noctuidae) a novos produtos químicos no Paquistão. *Crop Prot.,* **22**: 539-544.

Alagar, M. e P. Sivasubramanian. 2007. Segurança de botânicos e insecticidas para *Chrysoperla carnea* Stephens e o parasitoide de ovos, *Trichogramma chilonis* Ishii. *Indian J. Ent.,* **69**(1): 71-77

Albers, S. G., B. H. Arison, J. C. Chabala, A.W. Douglas e P. Eskola. 1981. Avermectinas - determinação da estrutura. *J. Am. Chem. Soc.,* **103**: 4216-4221

Anónimo, 2007. O Plano de Médio Prazo. ICRISAT, Patancheru 502324, Andhra Pradesh, Índia, **3p**.

Anónimo, 2013. http://www.indiastat.com

Aston, S., L. Streit, K. McKee e C. Clarke. 2001. A seletividade no campo torna a emamectina adequada para a gestão integrada de pragas. **In:** *Proc.10th Australian Agronomy Conf.,* Hobart. pp. 41-47
http://www.regional.org.aH/au/asa/2001/p/12/aston.html

Babar, K. S., T. M. Bharpoda, K. D. Shah e R. C. Jhala. 2012. Bioeficácia de novas moléculas de insecticidas contra a broca da vagem do grão-de-bico, *Helicoverpa armigera* (Hubner) Hardwick. *Agres.,* **1**(2): 134-147

Badawy, H. M. A. e S. A. E. Arnaouty. 1999. Efeitos diretos e indirectos de alguns insecticidas em *Chrysoperla carnea* (Stephens) (Neuroptera: Chrysopidae). *J. Neuropterol.,* **2**: 67-74

Balikai, R. A. e D. R. Patil. 2007. Bioeficácia do benzoato de emamectina 5 SG (Proclaim®) contra as pragas da videira e o seu efeito nos inimigos naturais e nas plantas. *Pestologia,* **31**(5):13-20

Barad, C. S., G. M. Patel, D. A. Dodia e G. N. Rabari. 2013. Bioeficácia do benzoato de emamectina UV RR 5% WG contra *Helicoverpa armigera* Hardwick de redgrama. *Pestologia,* **37**(1): 63-66

Bheemanna, M., B. V. Patil, S. G. Hanchinal, A. C. Hosamani e N. Kengegowda. 2005a. Bioeficácia do benzoato de emamectina (Proclaim®) 5% SG contra a broca do quiabeiro. *Pestology,* **29**(2): 14-16

Bhoyar, A. S., P. M. Siddhabhatti, R. M. Wadaskar e M. I. Khan. 2004. Estudos sobre a incidência sazonal e a gestão biointensiva do complexo da broca da vagem do feijão-frade. *Pestology,* **28**(9): 32-37

Birah Ajanta e M. Raghuraman. 2011. Impacto do benzoato de emamectina na broca do fruto e do rebento, *Earias vitella* (Fabricius) no quiabeiro. *Indian J. Ent.,* **73**(1): 42-44

Brevault, T., Y. Oumarou, J. Achallke, M. Vaissayre e S.N. Bouche. 2009. Atividade inicial e persistência de insecticidas para o controlo de bollworms (Lepidoptera: Noctuidae) em culturas de algodão. *Proteção das culturas,* **28**: 401-406

Bueno, A. F. e S. Freitas. 2004. Efeito dos inseticidas abamectina e lufenuron sobre ovos e larvas de *Chrysoperla externa* em condições de laboratório. *Bio-Controle,* **49**(3): 277-283

Burg, R. W. e E. O. Stapley. 1989. Isolamento e caraterização do organismo produtor. *New Z. Vet. J.,* **29**: 24-32

Deshmukh, S. G., B. V. Sureja, D. M. Jethva e V. P. Chatar. 2010. Eficácia no terreno de diferentes insecticidas contra *Helicoverpa armigera* (Hubner) que infesta o grão-de-bico. *Legume Res.,* **33**(4): 269-273

Dharmasena, S. M. D., S. M. C. Subasinghe, S. S. Lateef, S. Menike, K. B. Saxena e H. P. Ariyaratne. 1992. **In**: *Pigeonpea - Varietal Adaptation and production studies in Sri Lanka,* Report of Work. Departamento de Agricultura, Sri Lanka, ICRISAT, Patancheru, Andhra Pradesh, Índia. *Entomol. Res.,* pp.104-108

Dodia, D. A., B. G. Prajapati e S. Acharya. 2009. Eficácia dos insecticidas contra a broca da vagem da grama, *Helicoverpa armigera* Hardwick, que infesta o feijão-frade. *J. Food Leg.,* **22**(2): 144-145

Duncan, D. B. 1951. Um teste de significância para diferenças entre médias de tratamento classificadas numa análise de variância. *Va. J. Sci.,* **2**: 171-189

Dybas, R. A. 1989. Utilização da abamectina na proteção das culturas. **In:** *Ivermectin and abamectin.* W.C. Campbel, (ed.). Springer Verlag, Nova Iorque, pp 287-310

Edwards, C. D. e P. J. Bohlen. 1992. The effects of toxic chemicals on earthworms. *Rev. Environ. Contam. Toxicol.,* **125**: 24-99

Feely, W. F., L. S. Crouch, B. H. Arison, W. J. A. Vanden Heuvel, L. F. Colwell e P. G. Wislocki. 1992. Photodegradation of 4" - (epi-methylamino)-4"-deoxy - avermectin B_{1a} thin films on glass. *J. Agric. Food. Chem.,* **40**: 691-696

Finney, D. T. 1971. *Probit Analysis.* Segunda edição. Cambridge University Press, Londres. 318p.

Fritz, L. C., C. C. Waag e A. Gorio. 1979. Avermectin B_{1a} bloqueia irreversivelmente os potenciais pós-sinápticos na junção neuromuscular da lagosta, reduzindo a resistência da membrana muscular. **In**: *Proc. Nat. Acad. Sci.,* EUA, **76**: 2062-2066

Gaikwad, R. S., U. M. Waghmare, F. S. Khan e N. K. Bhute. 2009. Bioeficácia de certos insecticidas mais recentes contra o complexo de bollworms do algodão. *Pestology,* **33**(2): 18-20

Giribabu, P., D. Jagishwar Reddy, R. D. Jadhav, C. H. Chiranjeevi e M. A. Masood Khan. 2002. Comparative toxicity of selected insecticides against predatory spider, *Clubiona japonicola* (Boesenberg and Strand). *Pestology,* **26**(6): 23-25

Gomez, K. A. e A. A. Gomez. 1984. *Statistical procedures for Agricultural Research.* A Wiley International Science Publication, John Wiley and Sons, New Delhi. 680p.

Govindan, K. 2009. Avaliação do benzoato de emamectina 5 SG contra os bollworms do algodão e as brocas dos frutos do quiabeiro. Tese de doutoramento. Tamil Nadu Agric. Univ., Coimbatore, Índia, 224p.

Govindan, K., K. Gunasekaran e S. Kuttalam. 2011. Eficácia no terreno do Benzoato de Emamectina 5 SG contra a broca do rebento e do fruto, *Earias vittella*, no quiabeiro. *Indian J. Plant. Prot.,* **39**(3): 175 -179

Gupta, G. P., A. Birah, S. Rani e M. Raghuraman. 2005. Toxicidade relativa de novos inseetieides para o bollworm de ameriearn *(Helicoverpa armigera). Indian J. Agric. Sci.,* **75**(4): 235-237

Henderson, C. F e E. W. Tilton. 1955. Teste com acaricidas contra o ácaro castanho do trigo. *J. Econ. Entomol.,* **48**: 157-161

Jalali, S. K. e S. P. Singh. 1997. Suscetibilidade de várias fases de *Trichogrammatoidea armigera* Nagaraja a alguns pesticidas e efeito dos resíduos na sobrevivência e capacidade de parasitar. *Biocon. Sci. Tech.,* **3**: 21-27

Kalawate, A. e M. D. Dethe. 2012. Estudo de bioeficácia de insecticidas bioracionais em brinjal. *J. Biopest.,* **5**(1): 75-80

Kambrekar, D. N., A. P. Biradar e S. B. Kalaghatagi. 2013. Gestão do pulgão da romã, *Aphispunnicae* (Passerini) com novos insecticidas. *Indian J. Ent.,* **75**(1): 57-61

Kambrekar, D. N., G. Somanagouda, M. P. Basavarajappa e S. P. Halagalimath. 2012. Efeito de diferentes dosagens de benzoato de emamectina 5 SG e indoxacarb 14.5 EC na broca da vagem, *Helicoverpa armigera* infestando grão-de-bico. *Leg. Res.,* **35**(1): 13-17

Kanwar, N., O. P. Ameta, Abhishek Pareek e H. K. Jain. 2012. Relative toxicity of insecticides against *Helicoverpa armigera (*Toxicidade relativa dos insecticidas contra *Helicoverpa armigera). Indian J. Ent.,* **74**(3): 233 -235

Karthik, P. 2013. Avaliação do benzoato de emamectina 5 SG contra bollworms de algodão e brocas de frutas de quiabo e determinação da resistência a inseticidas. Tese de doutoramento, Tamil Nadu Agric. Univ., Coimbatore, Índia, 192p.

Karuppaiah, V. e S. Chitra. 2013. Toxicidade relativa de novas moléculas de inseticida contra *Spodoptera litura. Ann. Pl. Protec. Sci.* **21**(2): 305-308

Kass, I. S., A. O. W. Stretton e C. C. Wang. 1984. Os efeitos da avermectina e de fármacos relacionados com a acetilcolina e o ácido 4 - aminobutírico na neurotransmissão em *Ascaris Suum. Mol. Biochem. Parasit.,* **13**: 213-225

Kodandaram, M. H., A. B. Rai e T. M. S. Swamy. 2009. Efeito de insecticidas bioracionais na suscetibilidade de *Spodoptera litura* (Fab.) através de diferentes técnicas de bioensaio. *Veg. Sci.,* **36** (2): 188-192

Krishnamoorthy, A. 1985. Effects of several pesticides on the eggs, larvae and adults of green lacewing, *Chrysopa scelestes* (Banks). *Entomon,* **10**(1): 21-28

Kulkarni, N. S. e P. G. Adsule. 2007. Bioeficácia de Proclaim® 5 SG (benzoato de emamectina) para a gestão de tripes em uvas. *Pestology,* **31**(9): 30-32

Kuttalam, S., N. Boomathi, B. Vinothkumar, N. Kumaran e D. S. Rajathi. 2008. Eficácia no terreno do benzoato de emamectina 5 EC contra a broca do fruto do quiabeiro, *Earias vittella* (Fab). *Pestology,* **32**(3): 3236

Lasota, J. A. e R. A. Dybas. 1991. Avermectinas - uma nova classe de compostos: Implicações para a utilização no controlo de pragas de artrópodes. *Ann. Rev. Entomol.,* **36**: 91-117

Mahalakshmi, M. S., C. V. R. Rao e Y. Koteswara Rao. 2012. Eficácia de certos insecticidas mais recentes contra a broca das vagens de leguminosas, *Maruca vitrata* em Urdbean. *Indian J. Pl. Protec.,* **40**(2): 115-117 79

Mathirajan, V. G. e A. Regupathy. 2001. Tratamento de sementes com thiamethoxarn (Cruiser): um método ecologicamente seletivo para a gestão de pragas sugadoras do algodão. *Pest Mgt. Eco Zool,* **9**(2): 177-1 86

Meena, R. S., C. P. Srivastva e N. Joshi. 2006. Bioeficácia de alguns insecticidas mais recentes contra as principais pragas de insectos da ervilha-de-angola de curta duração. *Pestology,* **30**(1): 13-16

Meena, R. S., C. P. Srivastva e N. Joshi. 2006. Bioeficácia de alguns insecticidas mais recentes contra as principais pragas de insectos da ervilha-de-angola de curta duração. *Pestology,* **30**(1): 13-16

Mitra, N. G., A. Upadhya, B. Sachidanand e G. D. Agarwal. 1999. Contaminação de pesticidas em amostras de leite e produtos lácteos. *Pestology,* **28**(8): 36-40

Murali Baskaran, R. K., D. S. Rajavel, K. Suresh, S. Manisegaran e N. Palanisamy. 2010. Avaliação do benzoato de emamectina 5% SG (nova fonte) contra *Helicoverpa armigera* Hubner do algodão. *Pestologia,* **34**(5): 11-13

Murugaraj, P., R. M. Nachiappan e V. Selvanarayanan. 2006. Bioeficácia do benzoato de emamectina (Proclaim® 5 SG) contra a broca do tomate *Helicoverpa armigera* (Hubner). *Pestology*, **30**(1): 11-16

Narendra, G., S. Khokhar e Palaram. 2013. Efeito de insecticidas em alguns parâmetros biológicos de *Trichogramma chilonis* Ishii (Hymenoptera: Trichogrammatidae). *J. Biol. Control.*, **27**(1): 4852

Nasreen, A., Ashfaq, M., Mustafa, G e Khan, R. 2007. Taxas de mortalidade de cinco insecticidas comerciais em *Chrysoperla camea* (Stephens) (Chrysopidae: Neuroptera) *Pakistan J. Agrt. Sci.*, **44**: 266-271

Navarajanpaul, A. V. 1973. Estudos sobre os parasitóides de ovos, *Trichogramma australicum* Giracilt e *T. japonicum* Ashmead (Trichogrammatidae : Hymenoptera) com especial referência à relação parasita-hospedeiro. Tese de Mestrado, (Agri.), Tamil Nadu Agric. Univ., Coimbatore, Índia. 56p.

Parthiban, P. 2013. Avaliação da bioeficácia do benzoato de emamectina 5 WG contra pragas de lepidópteros de quiabo e repolho. Tese de Mestrado, (Agri.), Tamil Nadu Agric. Univ., Coimbatore. Índia. 144p.

Parthiban, P., R. K. Murali Baskaran e K. Thangavel. 2014. Eficácia de campo do benzoato de emamectina 5 WG contra pragas de lepidópteros do quiabo. *Ann. Pl. Protec. Sci.*, **22**(1): 98-102

Patel, P. S., I. S. Patel, B. Panickar e Y. Ravindrababu. 2012. Gestão do podborer manchado, *Maruca vitrata* em feijão-caupi através de novos insecticidas. *Tendências em Biociências,* **5**(2): 149-151

Prabhu, B. 1991. Estudos sobre o parasitoide de ovos *Trichogramma* spp. (Trichogrammatidae: Hymenoptera). Tese de Mestrado, (Agri.), Tamil Nadu Agric. Univ., Coimbatore, Índia. 103p.

Prasad Kumar, V. e V. Devappa. 2006. Bioeficácia do benzoato de emamectina 5 SG (Proclaim) contra a traça-das-costas em couve. *Pestology,* **30**(2): 23-25

Raghavani, B. R. e V. K. Poshiya. 2006. Eficácia no terreno de novas moléculas de insecticidas contra a broca das vagens *(Helicoverpa armigera* Hub.) no grão-de-bico. *Pestology,* **30**(4): 18-20

Rashad Rasool Khan, Khuram Zia, Waqar Salman e Bakhtiar Salman. 2010. Eficácia de tracer 240 SC e Steward 150 SC contra larvas de primeiro e segundo instar de *Helicoverpa armigera* utilizando o método de imersão foliar. *J. Pl. Prot. Res.,* **50**(4): 438-441

Rekha, S. e C. P. Mallapur. 2007. Eficácia de materiais indígenas e novas moléculas contra o complexo da broca da vagem no feijão dolichus. *Karnataka J. Agrl. Sci.,* **20**(2): 414-416

Sabre, M., E. Parsaeyan, S. Vojoudi, M. Bagheri, A. Mehrvar e S. G. Kamita. 2013. Toxicidade aguda e efeitos sub-letais de metoxifenozida e tiodicarbe na sobrevivência, desenvolvimento e reprodução de *Helicoverpa armigera* (Lepidoptera: Noctuidae). *Crop Protect,* **43**: 14-17

Sahito H., Lund Ma, Bukhari Sa, Talpur Ma e Mastoi Ah. 2013. Eficácia de diferentes insecticidas contra *Helicoverpa armigera* (Hub.) na cultura do tomate. *Intl. J. Medical App. Sci.*, **2**(3): 62-76

Sami, B. P. e A. Vaid. 1988. Interação específica da ivermectina com a proteína de ligação ao retinol de parasitas filariais. *J. Biochem,* **249**: 929-932

Samiayyan. K. e G. Gajendran. 2009. Avaliação e demonstração do módulo IPM do feijão-frade para a gestão da broca da vagem. *Madras Agric. J.*, **96**(7-12): 401-403

Sathiah, N. 2001. Estudos sobre a melhoria da produção e formulação do vírus da poliedrose nuclear do bicudo do algodoeiro, *Helicoverpa armigera* (Hubner), Tese de Doutoramento, Tamil Nadu Agric. Univ., Coimbatore, Índia, 276p.

Sattar, S., Farmanullah, A. Saljoqi, M. Arif, H. Sattar e J. I. Qazi. 2011. Toxicidade de alguns novos insecticidas contra *Trichogramma chilonis* (Hymenoptera: Trichogrammatidae) em condições laboratoriais e de laboratório alargado. *Pakistan J. Zool.*, **43**(6): 1117-1125

Shanower, T. G. J. Romies e E. M. Minja. 1999. Insectos pragas do feijão bóer e sua gestão. *Ann. Review Ent.*, **44**: 77-96

Sharma O. P., B. B. Bhosle, K. R. Kamble, B. V. Bhede e N. R. Seeras. 2011. Gestão da broca da vagem do feijão-frade, com especial referência à mosca da vagem *(Melanagromyza obtusa). Indian J. Agric. Sci,* **81**(6): 539-543

Sharma O. P., B. B. Bhosle, K. R. Kamble, B. V. Bhede e N. R. Seeras. 2011. Gestão da broca da vagem do feijão-frade, com especial referência à mosca da vagem *(Melanagromyza obtusa). Indian J. Agric. Sci.*, **81**(6): 539-543

Sheeba Jasmine, R. e S. Kuttalam. 2011. Benzoato de emamectina 5 SG e 1,9 CE: um inseticida mais seguro para os coccinelídeos do ecossistema bhendi. *Madras Agric. J.*, **98** (1-3): 92-94

Shinde, B. D., M. B. Sarkate, S. A. More e K. Stable. 2007. Evaluation of different pesticides for safetyness to predators on okra. *Pestology,* **31**(5): 25-28

Shinde, B. D., M. B. Sarkate, S. A. More e K. Stable. 2007. Evaluation of different pesticides for safetyness to predators on okra. *Pestology,* **31**(5): 25-28

Shobanadevi, R. 2003. Bioeficácia e toxicidade selectiva de Emamectin 5 SG (Proclaim®) contra *Helicoverpa armigera* (Hubner) em bhendi e malaguetas. Tese de Mestrado, (Agri.), Tamil Nadu Agric. Univ., Coimbatore, Índia. 89p.

Shuijin, H., J. Xu e Z. Han. 2006. Dados de base sobre a toxicidade dos insecticidas contra o caruncho comum *Spodoptera litura* (Fabricius) e uma comparação dos métodos de monitorização da resistência. *International J. Pest Manag.*, **52**(3): 209-213

Singh, S. K. e Jeewesh Kumar. 2012. Gestão das brocas das vagens no feijão-frade *(Cajanus cajan* L.) através de bio e novos insecticidas. *Tendências em Biociências*, **5**(2): 154-156

Singh, V. e P. C. Verma. 2006. Gestão da broca da vagem *(Helicoverpa armigera* Hub.) no feijão-caupi com produtos químicos mais recentes. *Pestology,* **30**(6): 36-38

Sreekanth, M. e M. Seshamahalakshmi. 2012. Estudos sobre a toxicidade relativa de biopesticidas para *Helicoverpa armigera* (Hubner) e *Maruca vitrata* (Geyer) em feijão-guandu (*Cajanus cajan* L.). *J. Biopest.,* **5**(2): 191-195

Sreekanth, M., M. S. M. Lakshmi e Y. Koteswar Rao. 2014. Bioeficácia e economia de certos novos insecticidas contra a broca da vagem da grama, *Helicoverpa armigera* (Hubner) infestando o feijão-de-gato *(Cajanus cajan* L.). *Int. J. Pl. Ani. Envi. Sci.,* **4**(1): 11-15

Stanley, J., S. Chandrasekaran, A. Regupathy, R. Jasmine e Sheeba. 2006. Base line toxicity of Emamectin and spinosad to *Spodoptera litura. Ann. Pl. Prot. Sci.,* **14**(2): 346-349

Strong, L. e T. A. Brown. 1987. Avermectina no controlo e biologia de insectos: A review. *Bull. Entomol. Res,* **77**: 357-389

Suganyakanna, S. 2003. Bioeficácia e toxicidade selectiva de Emamectin 5 SG contra a traça-das-crucíferas na couve e a broca do tomate. Tese de Mestrado, (Agri.), Tamil Nadu Agric. Univ., Coimbatore, Índia. 71p

Suganyakanna, S., S. Chandrasekaran, A. Regupathy e J. Stanley. 2005. Eficácia de campo de Emamectin 5 SG contra a broca do tomate *Helicoverpa armigera* (Hubner). *Pestology,* **29**(4): 21-24

Swamiappan, M. 1996. Produção em massa de *Chrysopa.* **In**: *Formação nacional sobre multiplicação em massa de agentes de biocontrolo,* Divisão de Formação, DEE, Tamil Nadu Agric. Univ., Coimbatore, Índia, 95p.

Thangavel, K., R. K. Murali Baskaran e W. Baby Rani. 2014b. Avaliação da segurança do Benzoato de Emamectina 5 WG contra o lacewing verde, *Chrysoperla zastrowi sillemi* (Esben-Petersen). *Ann. Pl. Protec. Sci.,* **22**(2): 278-282

Udikeri, S. S., S. B. Patil, R. B. Hirekurubar, G. S. Guruprasad, H. M. Shaila e P. V. Matti. 2009. Gestão de pragas sugadoras no algodão com insecticidas. *Karnataka J. Agric. Sci.,* **22**(4): 798802

Udikeri, S. S., S. B. Patil, V. Rachappa e B. M. Khadi. 2004. Emamectin benzoate 5 SG, um bio-racional seguro e promissor contra os bollworms do algodão. *Pestology,* **28**(6): 78-81

Venkateswari, G., P. V. Krishnayya, P. ArjunaRao e K. V. M. Krishna Murthy. 2008. Bio-eficácia da abamectina e do benzoato de emamectina contra *Spodoptera litura* (Fab.). *Pestic. Res. J.,* **20**(2): 229-233

Vinayaka, T., C. S. J. Babu, T. Chetan, S. Murali e G. N. Reddy. 2013. Avaliação da eficácia de diferentes botânicos e insecticidas químicos contra a broca da vagem do feijão-frade. *Ambiente e Ecologia,* **31**(2): 1169-1173

Wadaskar R.M., S. K. Bhalkare e A. N Patil. 2013. Eficácia de campo de insecticidas mais recentes contra o complexo de brocas de vagens de feijão-frade. *J. Food Leg.,* **26**(2): 62-66

Wang, Y., R. Yu, X. Zhao, X. An, L. Chen, C. Wu, e Q. Wang. 2012b. Suscetibilidade de *Trichogramma nubilale* (Hymenoptera: Trichogrammatidae) adulto a insecticidas selecionados com diferentes modos de ação. *Proc. de Culturas,* **34**: 76-82

Yogesh Patel, H., B. Sharma, e S. B. Das. 2009. Emamectin benzoate 5% WSG: a safer insecticide for cotton bollwork complex management, CICR *Newsletter,* **25**: 34-37

Printed by Books on Demand GmbH, Norderstedt / Germany